超絵解本

中・高生からの

◀ 光すら飲みこむ謎多き天体 ▶

ブラックホール

時間が止まったり、空間が曲がったり
宇宙にひそむ強重力のモンスター

JN199943

はじめに

「ブラックホール」と聞くと，どんなイメージが思い浮かぶでしょうか。宇宙にぽっかり開いた落とし穴？　何でも吸いこむ巨大な底なし沼？　そのわかりやすい名称から，ある程度共通したイメージはもちやすいかもしれません。しかし一方で，ブラックホールがほんとうに存在するのかどうかもわからない，という人も多いのではないでしょうか。

　きわめて強い重力でまわりの物質を吸いこみ，宇宙で最も速い光でさえも，いったん飲みこまれたら二度と外には出られない──。そんな天体がブラックホールです。ブラックホールの本体は，その名のとおり"暗黒"で目には見えませんが，意外なことに，ブラックホールは宇宙で最も明るく活動的な天体の一つでもあります。

　ブラックホールはなぜ生まれたのでしょうか。見えない存在をどうやってさがせばよいのでしょうか。ブラックホールに近づいたら？　ブラックホールの中は？　今もこうしてたくさんの疑問が浮かんできているはずです。ページをめくって，ブラックホールの深淵な世界に飛びこんでいきましょう！

4 銀河の中心にある超大質量のブラックホール

5 まだまだある ブラックホールの不思議

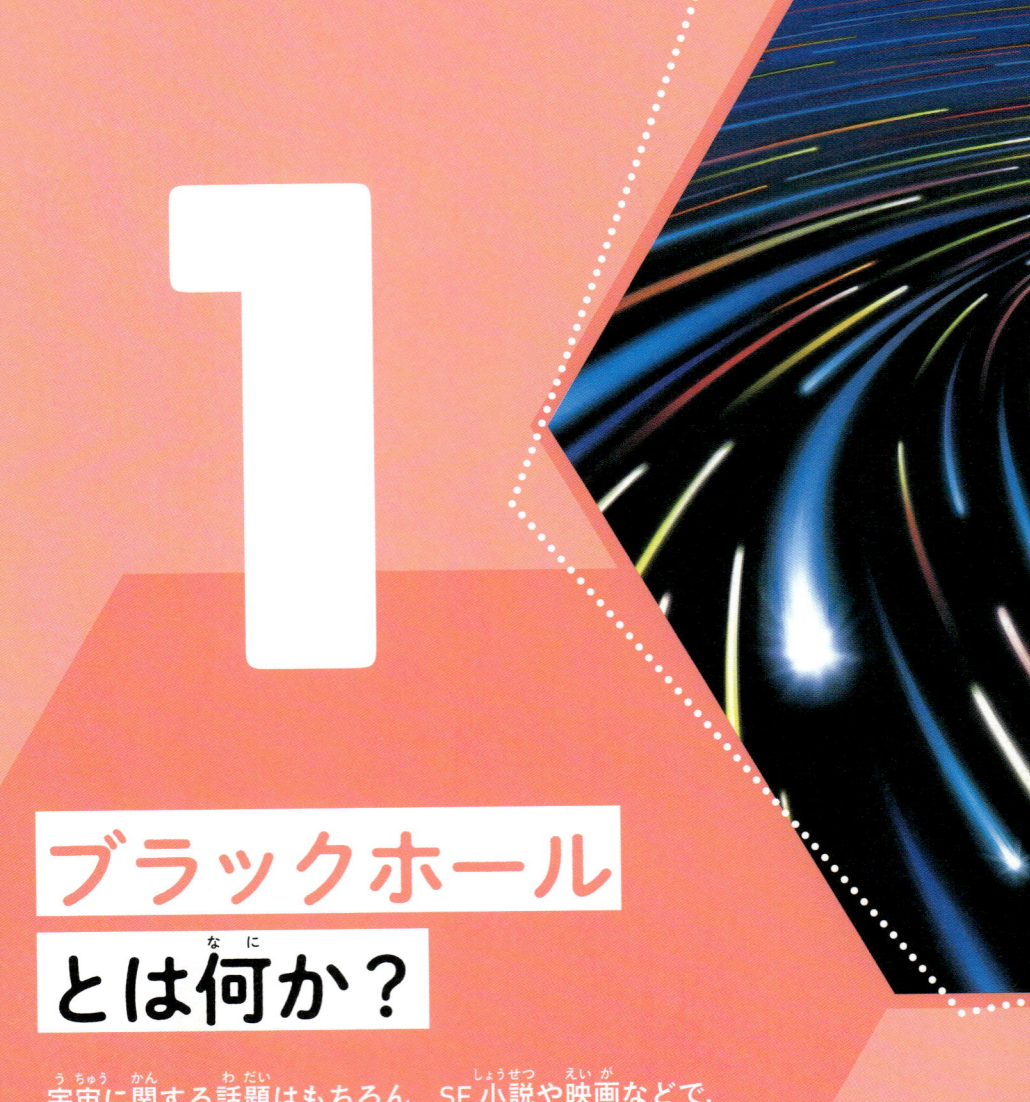

1

ブラックホール
とは何か？

宇宙に関する話題はもちろん，SF小説や映画などで，「ブラックホール」ということばを一度は耳にしたことがある人は多いでしょう。ブラックホールはどうやって生まれるのか。ブラックホールに近づくとどうなるのか。その中はどうなっているのか。まずはブラックホールの不思議な性質についてみていきましょう。

光すら飲みこむ
強重力の天体
「ブラックホール」

ブラックホールは，全質量が中心に集まった，強大な重力をもつ天体です。何でも底なし沼のように飲みこんでしまい，ひとたび中に吸いこまれれば，光ですら逃れることはできません。その光さえ抜けだせない空間をブラックホールといいます。かつては，理論上の産物だと考えられていましたが，その後，技術の進展により，ブラックホールが存在する証拠が次々と観測されるようになりました。

典型的なブラックホールは，太陽の数倍から数十倍の質量をもち，半径は数十キロメートル程度です。このようなブラックホールは「恒星質量ブラックホール」とよばれています。恒星質量ブラックホールは，重い星が死ぬときに大きな重力がかかることでつくられることがわかっています。銀河の中には，こうしたブラックホールが数多くただよっています。

吸いこまれるガス

降着円盤

ブラックホール

太陽より重い星が死ぬとブラックホールになる

恒星の寿命がつき，超新星爆発をおこした際に残されるのが恒星質量ブラックホールです。どんな恒星からも生まれるのではなく，太陽の約25倍をこえる質量が必要だとされています。

銀河の中心には「超大質量ブラックホール」が存在する

一方，恒星質量ブラックホールとくらべ，けたちがいに**重いブラックホールも存在すること**がわかってきました。「超大質量（超巨大）ブラックホール」などとよばれるブラックホールです。質量は，太陽の100万から数十億倍程度であり，中には太陽の210億倍にもなるものもみつかっています。

こうした超大質量ブラックホールは，銀河の中心部に居座っています。実は，**ほとんどの銀河の中心には，この超大質量ブラックホールがあると考えられているのです。**

超大質量ブラックホールがどのようにできるのかは長らく未解明で，天文学における重要なテーマになっています。宇宙初期には，すでに超大質量ブラックホールが存在したことがわかっています。短時間でどのようにつくられたのか，これが形成過程を解き明かすうえで大きな壁として立ちふさがっています。

ブラックホールは単にものを飲みこむばかりではありません。強い重力で引きつけたあと，しばしば銀河の直径の何十倍もかなたまで，光速に近い速度で一部の物質を噴きだします。超大質量ブラックホールは，宇宙における，巨大なエネルギー源なのです。**そのエネルギーで，超大質量ブラックホールは銀河の進化や宇宙の進化に重要な役割を果たしているのではないかと，科学者たちは考えています。**

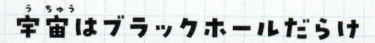

宇宙はブラックホールだらけ

イラストは，銀河に存在している恒星質量ブラックホールと超大質量ブラックホールのイメージです。実際は，ブラックホールは銀河の大きさとくらべると，けたちがいに小さいので見えませんが，ここでは誇張してえがいています。銀河の中心には超大質量ブラックホールが存在し，銀河の中には多数の恒星質量ブラックホールが存在しているのです。

銀河中心の
超大質量ブラックホール

恒星質量ブラックホール

ブラックホールは
こんなにも
奇妙な天体！

ブラックホールに近づくほど時間が遅くなってみえ，ブラックホールの境界面（事象の地平面）では時間が止まり宇宙船がはりついてみえる。ブラックホールの近くから放たれる光は，強大な重力によって引きのばされる。そのため，ブラックホールに近づいていく物体をながめた場合，赤くなるように見え，同時に暗くなる。

ブラックホールほど不思議で心ひかれる天体は，宇宙の中ではほかにないかもしれません。「どんなものでも吸いこみ，吸いこまれると二度と出てこられない」。「光を曲げるほどの強大な重力をもつ」。このような広く知られたブラックホールの性質は，よく考えると“異常”です。ブラックホールでは，巨大な質量が1点（特異点）に押しこめられています。そして特異点を囲むように，光ですら出てこられない領域があります。その領域の境界面は「事象の地平面」とよばれています。

このブラックホールのまわりでは，イラストで示したような，数々の奇妙な出来事がおきると考えられています。

ブラックホールに近づいていく
宇宙船※

事象の地平面
（球面）

宇宙船
（ブラックホールに近づいていく別の宇宙船をながめている）

※：宇宙船に乗っている人は，時間の遅れを感じることはない。そのまま事象の地平面をこえてブラックホールに落ちていく。

背中側にある銀河

銀河A
（実際の方向）

宇宙飛行士が見る全天
（せまい円の中に集中）

銀河A
（宇宙飛行士の見る像）

実際に光が
届いた方向

背中側の銀河か
ら曲がって届く光

光が届いたと
認識される方向

ブラックホール

密度が「無限大」

ブラックホールの中心には，質量が
1点（体積ゼロ）に集まった「特異
点」があることが理論的にみちびか
れている。体積がゼロということ
は，特異点の密度（質量÷体積）は
無限大になってしまう。

特異点

**ブラックホールに背
を向けた宇宙飛行士**

吸いこまれる光

背中側の星空が見える

ブラックホールは強大な
重力で光を曲げる。そのた
め，ブラックホールに背中
を向けて空を見上げたと
すると，背後からの光も曲
がって目に届く。ヒトはそ
の光をまっすぐ届いたよ
うに錯覚するため，せまい
領域に集中して見える。

光を飲みこむ

強大な重力で自然界の最
高速度をもつ光すら吸い
こみ，吸いこまれた光は出
てこられない。

ブラックホールの性質を決める三つの要素

ブラックホールの性質を決めるものは，「質量」「回転（自転）」「電荷」の三つしかありません。ブラックホールは，次の4種類の基本タイプに分けられます。

最も単純なのが「シュバルツシルト・ブラックホール」とよばれる，静止した球体のブラックホールです。計算を単純化するために回転も電荷もない星を想定して，求められたものです（1）。

しかし，すべての星は自転しているので，星の重力崩壊でできるブラックホールも自転していると考えるのが自然です。回転しているブラックホールは「カー・ブラックホール」とよばれています。自転の速度が大きくなると，球（事象の地平面）の半径が小さくなります（2）。

カー・ブラックホールの特徴は，外側と内側に二つの地平面があり，外側の地平面のさらに外側には「エルゴ領域」とよばれる部分があることです。また，回転しているので，特異点はリング状になります。

電荷をもつブラックホールも考えられていて，「ライスナー＝ノルドシュトロム・ブラックホール」とよばれています（3）。その中でも回転しているものは「カー＝ニューマン・ブラックホール」といいます（4）。

ただし，電荷をもったブラックホールをつくるためには，電荷をもった物質を重力崩壊させる必要があります。しかし，ブラックホールになる前に電気力がはたらいて反発し，はねかえされてしまうので，電荷をもったブラックホールはできにくいと考えられています。そのため，**宇宙で最も一般的なのは，「回転あり・電荷なし」のカー・ブラックホールだと考えられています。**

基本的なブラックホールは4種類ある

質量がないブラックホールは存在しないので，ブラックホールの種類を性質分けする要素は，回転・電荷の有無になります。宇宙で最も一般的なのは，「回転あり・電荷なし」のカー・ブラックホールだと考えられています。

1. シュバルツシルト・ブラックホール
（回転なし，電荷なし）

特異点
（全質量が集中）

事象の地平面
（ここより内側がブラックホール）

3. ライスナー＝ノルドシュトロム・ブラックホール
（回転なし，電荷あり）

事象の地平面

特異点

内部地平面
（ここより内側に入ったものは
エネルギーが無限大になる）

2. カー・ブラックホール
（回転あり，電荷なし）

事象の地平面

特異点
（リング状になる）

内部地平面

エルゴ領域
回転方向への空間の曲がりにより，
光さえ回転に「ひきずられて」逆らえ
ない領域。外側に進めば脱出は可能。

4. カー＝ニューマン・ブラックホール
（回転あり，電荷あり）

特異点
（リング状）

内部地平面

エルゴ領域

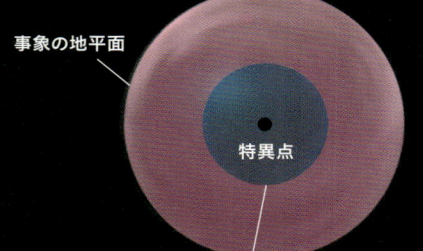

ブラックホールに 吸いこまれると どうなる？

太陽質量程度の
小さなブラックホール

　　ここでは，不幸にも宇宙船が，シュバルツシルト・ブラックホールに落ちてしまったらどうなるかを考えてみましょう。

　この場合，事象の地平面をこえていったん吸いこまれると，まっすぐ中心の特異点に向かって落下します。その際，ブラックホールの中心に近づけば近づくほど重力が強くなるので，宇宙船の機体の先端部と後方部では，受ける重力に大きな差が生じます。これを「潮汐力」といいます。

　ブラックホールの場合，潮汐力が落下する物質を引きのばしてしまい，最後にはこなごなにしてしまいます。潮汐力の大きさは，ブラックホールの大きさによってことなり，サイズが小さいほど潮汐力は大きくなります。

　小さなブラックホールの場合，事象の地平面に吸いこまれる時点で細く引きのばされます。一方，大きなブラックホールの場合，最初は吸いこまれたことにも気がつかないでしょう。

ブラックホールに落ちると，細く引きのばされる！

宇宙船が小さなブラックホール（左）と大きなブラックホール（右）に落ちていく場合を考えてみましょう。左の場合，先端と後方部で受ける重力に大きな差が生まれます。先端ほど強い重力で引っぱられるため，機体はスパゲティのように細く引きのばされます。右の場合，先端にかかる重力と後方部にかかる重力との差がずっと小さくなります。そのため事象の地平面までは引きのばされることなく，ブラックホールへ近づくことができます。しかし，最後はやはり細く引きのばされてこなごなになるのです。

銀河中心にある
大きなブラックホール

宇宙船

回転するブラックホールに
つかまると……

では，回転しているカー・ブラックホールに近づくと何がおきるでしょうか。この場合，はじめはブラックホールに一直線に向かっていたにもかかわらず，少しずつ軌道がずれていきます。**さらに近づくと，ブラックホールの周囲をまわるようになります。**

そのとき，ブラックホールの回転と反対方向に運動すれば，この効果を打ち消すことができます。ところがさらに近づくと，反対方向に運動しているつもりなのに，いつのまにか同じ方向に回転していることに気づきます。宇宙船のエンジンを吹かしても，静止していることすらできなくなります。これはまわりの空間がブラックホールに落ちこみ，かつ回転していて，それらを合わせた速度が光速度以上になっているからです。

カー・ブラックホールのまわりの空間で，光速度をこえる領域を「エルゴ領域」といいます。**エルゴ領域に入ると，ブラックホールに対して静止していることはできず，必ずブラックホールのまわりを回転しながら落ちていき，リング状の特異点に向かいます。**ただし，エルゴ領域の段階であれば，外向きにのがれるようにエンジンを吹かせば脱出することは可能です。

光を発する天体

いつのまにかブラックホールの周囲をまわっている

回転するカー・ブラックホールでは，エルゴ領域に入った物体はけっして止まっていることができず，ブラックホールの回転にひきずられてまわりをまわってしまい，リング状の特異点に向かいます。イラストでは，光を発する天体がカー・ブラックホールに吸いこまれていくようすをえがいてあります※。

リング状の
特異点

内側の地平面

エルゴ領域

外側の地平面

回転しながらブラックホールに吸いこまれていく物質がたどる軌跡

※：光はわかりやすいように黄色に統一してある。

ブラックホールをくぐることはできる？

回転するカー・ブラックホールでは，遠心力のため特異点がリング状になります。このリングをくぐり抜けることはできるのでしょうか？

特異点にぶつかれば，物質はこなごなになってしまいます。シュバルツシルト・ブラックホールの場合，事象の地平面に入った物質は必ず特異点に向かいます。しかし，回転しているカー・ブラックホールの特異点は，遠心力でリング状に広がっているため，避けて通れる可能性があります。

事象の地平面に吸いこまれたあと，何もしないで身をまかせていると特異点にぶつかってしまいます。しかし，たとえばリングの真ん中に突入するように懸命に宇宙船のエンジンを吹かせば，リングの真ん中を中央突破できるかもしれません。

では，リングを通り抜けた物質はいったいどうなるのでしょうか？

これは実験で確かめられたことはなく，さまざまな仮説が提唱されています。リングを通り抜けると，ちょうどブラックホールに吸いこまれたときと正反対のことがおきて，私たちの宇宙とはことなるほかの宇宙に吐きだされます。このような吐きだす一方のブラックホールも存在する可能性があり，「ホワイトホール（36ページ）」とよばれています。

カー・ブラックホールは，ほかの宇宙のホワイトホールとつながっていて，吐きだされた宇宙にもカー・ブラックホールがあって，そこに飛びこむとまた別の宇宙がある，と考える研究者もいるようです。ただし現実の星の重力崩壊によってできたカー・ブラックホールの内部に，ほんとうにほかの宇宙への抜け道があるかどうかはよくわかっていません。

リング状の特異点を
くぐり抜けられるかもしれない

カー・ブラックホールの内部でリング状の特異点が輝いています。普通，特異点は光さえ出てくることのできない事象の地平面に囲まれているため，何がおきているか私たちにはわかりません。特異点の周囲では，いろいろなものが出たり入ったりしていると考えられています。質量をもたない光は生じやすく，特異点を行き来している物質の最有力候補です。

宇宙船

23

ブラックホールの特異点の中はどうなっているの？

　どのブラックホールにも特異点は存在します。ブラックホールに吸いこまれた物質は，特異点に落ちる直前に大きな潮汐力によって「素粒子」のレベルまでこなごなにされます。素粒子とは，物質を構成する最小単位で，陽子や中性子を構成するアップクォークやダウンクォーク，電子など17種類の存在が確認されています。そして，**現在の物理学では，特異点に落ちた物質がどうなるかはわかっていません。**

　時間と空間（時空）をあつかう物理学「一般相対性理論」は，多くの場面でこの世界を矛盾なく説明できます。しかし，特異点においては，一般相対性理論が破綻してしまいます。そのため，ミクロな世界の粒子のふるまいについて説明できる「量子論」と融合した，新しい理論（量子重力理論）が必要だと考えられています。

　量子重力理論の有力候補に，物質のほんとうの構成要素は素粒子ではなく，10^{-33}センチメートルというごくごく小さな輪ゴムのような「ひも」と考える「超ひも理論」があります。超ひも理論では，すべての素粒子はこの同じひもでできていると考えます。そして，そのひもの振動のちがいが，私たちには別の素粒子にみえているのではないかと考えられるのです。このひもの振動からは重力もつくられるため，特異点近くのようなごく小さな領域では，物質も重力も区別できなくなります。

　もしかするとブラックホールの特異点では，こなごなになったあとのひもが振動しているのかもしれません。

チューブ状の
超ミクロなひも

クォークやレプトン
などの素粒子

注：イラストでは，ひもに太さがあるようにえがいているが，実際のひもの太さはゼロ
である。また，ひもに色を付けてえがいているが，色にも物理的な意味はない。

ブラックホールを使って効率的にゴミ処理

カー・ブラックホールを使って，エネルギー問題とゴミ問題を一挙に解決するアイデアが考えられているとしたら，おどろきではないでしょうか。

まず，ゴミを入れ物に入れてエルゴ領域に落とします。次にゴミをブラックホールの回転と逆方向に放りだして入れ物を回収します。すると，**ゴミは事象の地平面に吸いこまれ，ブラックホールの回転はわずかに遅くなり，その分の回転エネルギーをもってゴミ箱が帰ってくるというのです。**

この夢のようなブラックホール超未来都市の話は，チャールズ・ミスナー，キップ・ソーン，ジョン・ホイラーによって執筆された『重力理論』（若野省己訳，丸善出版）という，世界中で広く使われている有名な教科書にも載っています。

ブラックホール超未来都市のゴミ処理システム

ゴミを入れ物に入れてエルゴ領域に落とし，ゴミをブラックホールの回転と逆方向に放りだせば，ゴミ箱だけを回収することができます。ただし，ゴミを捨てていくうちにブラックホールの回転はだんだん遅くなり，いずれは新しいブラックホールをさがさなければならなくなります。

2

ブラックホールと
ホワイトホール

遠い将来の話ですが，宇宙はブラックホールだらけになるかもしれません。しかもブラックホールはやがて消えて，宇宙は暗黒の世界となり"死"をむかえるといいます。一方，ブラックホールは正反対の性質をもつホワイトホールとつながっていると考える科学者もいます。はたして真相はどうなのでしょうか。

ブラックホールはいずれ "蒸発" してなくなる？

ブラックホールへ落ちた物質は，ふたたび外へ出てくることはできません。そうなると，ブラックホールの質量は増加する一方であると思えるかもしれません。**ところがイギリスの理論物理学者スティーヴン・ホーキング博士（1942～2018）によって，ブラックホールが光の粒子（光子）などのさまざまな粒子を放出して質量を失い，遠い未来に"蒸発"する可能性があることが示されました。**

かぎとなるのは粒子の「対生成」と「対消滅」とよばれる現象です。粒子（たとえば陽子）は，「電荷」という性質をもっています。そして，質量などのほかの性質が同じで，電荷が反対になった粒子が「反粒子（たとえば反陽子）」です。粒子と反粒子はペアで生成したり，ペアで消滅したりします。量子論によると，真空は完全にからっぽではなく，真空の空間自体がエネルギーをもっていて，そのエネルギーがゆらいでいます。そして，真空を素粒子レベルのミ

クロのスケールでみると，このエネルギーのゆらぎによって，粒子と反粒子が生まれたり消えたりしているのです。

では，ブラックホールの表面（事象の地平面）のすぐそばで対生成がおきるとどうなるでしょうか。対生成した粒子と反粒子のうち，一方がもし事象の地平面の内側へ入ると，それはブラックホールの中心へどんどん落ちていき，もう一方と出合えなくなります。すると，もう一方は，対消滅をおこす相手を失い，その一部はブラックホールの外側に向かって飛んでいきます。**こうして，ブラックホールから粒子や反粒子が放出されるように見えるのです（ホーキング放射）。これによってブラックホールは徐々にエネルギーを失っていきます。**

ブラックホールは永遠の存在ではなく，遠い未来に消滅してしまうと考えられているのです。ただし，通常の大きさのブラックホールでは蒸発はごくわずかで，観測は不可能です。

ブラックホールが蒸発するしくみ

粒子

ブラックホールの外側へ
飛びだしていく粒子

衝突して消える粒子と
反粒子（対消滅）

反粒子

反粒子が飛びだす
場合もある

事象の地平面

ブラックホールに
落ちる反粒子

粒子

ホーキング放射

ブラックホール

ブラックホールが放つ「ホーキング放射」

ブラックホールの質量が小さくなるにつれて、はげしく粒子や反粒子を放つようになります。

ブラックホールが、粒子と反粒子を放出してしだいに蒸発するようすです。最初はゆっくりと蒸発が進み、ブラックホールの質量が小さくなるほど、たくさんの粒子と反粒子を放出し熱くなります。そして、非常に高温となった小さなブラックホールは、最終的に爆発するようにして消滅してしまうと考えられています。

ブラックホールに吸いこまれた情報はどうなる?

燃やした手紙の灰から,元の手紙の内容を知ることは不可能に思えます。しかし,量子力学では,手紙の灰や煙の粒子,燃やしたときに出る光などの中に,燃やす前の手紙の「情報(内容)」が残されているはずだと考えます。灰や煙,光などを完全に回収する(観測する)ことができれば,理論的には手紙を復元できるはずなのです。**これは,「情報は消えない」という量子力学の根本的なルールだと考えられています。**

では,手紙をブラックホールに投げ入れた場合はどうでしょうか。ホーキング放射のため,ブラックホールは長い時間ののちに,飲みこんだ手紙もろとも蒸発してしまいます。このとき,ブラックホールからのホーキング放射を集めることで,手紙の情報を復元できるでしょうか。ホーキング博士は,ホーキング放射には情報が含まれていないためブラックホールに落ちた手紙の情報は永遠に失われてしまうと予想しました。しかしこれは,量子力学のルールと矛盾することになります。

ブラックホールが情報を消し去ってしまうとすると,量子力学の根底が大きくゆらいでしまうため,この考えは大論争を巻きおこしました。結局,この論争は,超ひも理論の出現によって一応の決着をみました。**超ひも理論によると,ブラックホールに落ちた情報は,その表面(事象の地平面)に残ると考えられるのです。**そして,最終的にはホーキング放射を回収して情報を復元できることになります。**しかし,超ひも理論はまだ完成した理論ではないため,この矛盾が最終的にどのように説明されるかは,超ひも理論やほかの量子重力理論の今後の進展を待つ必要がありそうです。**

ブラックホールの情報パラドックス

イラストは，ブラックホールに飲みこまれた手紙の「情報」は失われてしまうというホーキング博士の予想（左）と，失われずに残されるという研究者の予想（右）を示しました。結果的には，ホーキング博士は自身の主張のあやまりを認めましたが，この論争は物理学の発展に大きく寄与しました。私たちが3次元空間だと感じているこの宇宙が，ほんとうは2次元の面に書きこまれた情報が投影されたものかもしれないという最新の理論（ホログラフィー原理）へとつながっていったのです。

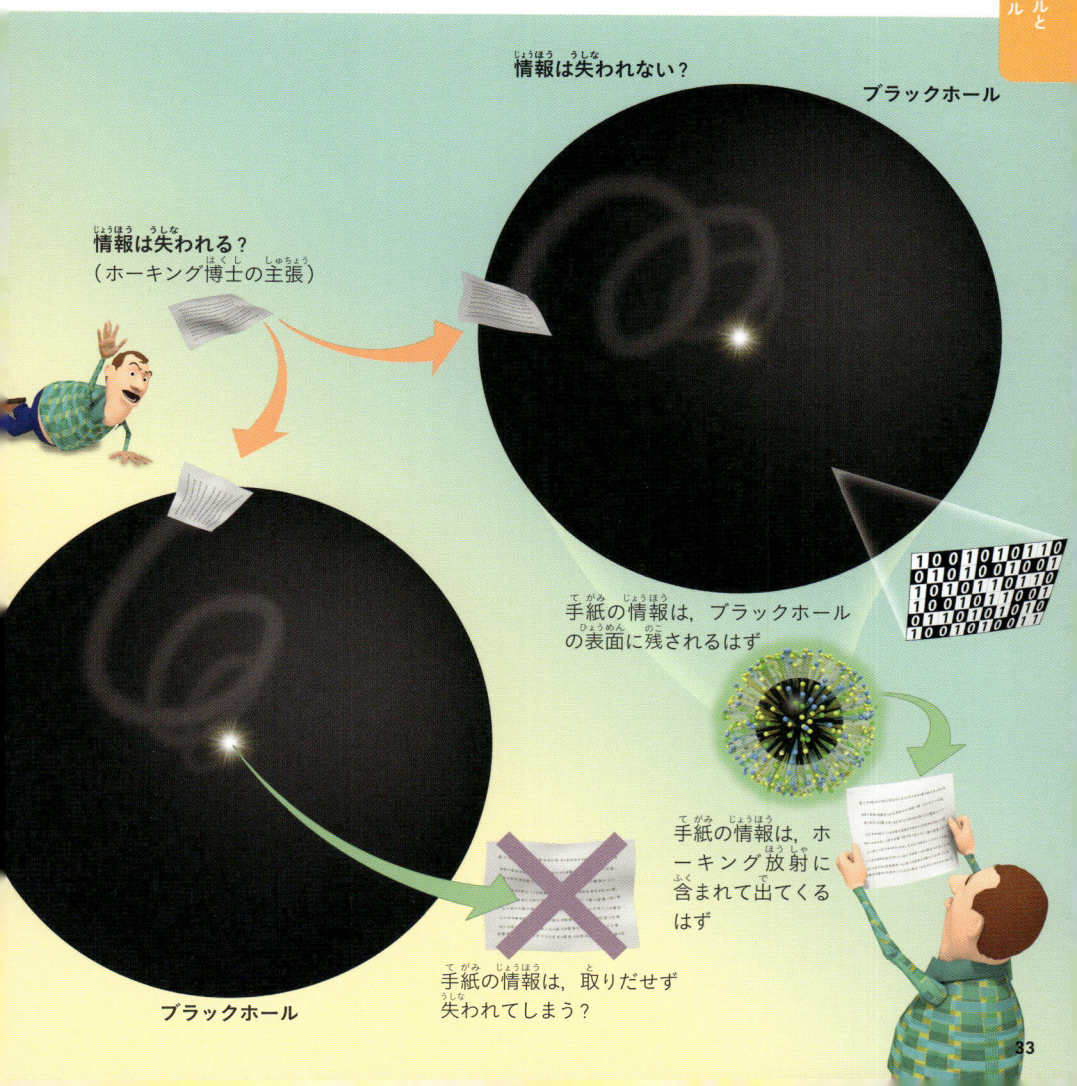

情報は失われない？

ブラックホール

情報は失われる？
（ホーキング博士の主張）

手紙の情報は，ブラックホールの表面に残されるはず

手紙の情報は，ホーキング放射に含まれて出てくるはず

手紙の情報は，取りだせず失われてしまう？

ブラックホール

未来の宇宙はブラックホール
だらけになるのかもしれない

宇宙の遠い未来はブラックホールだけの世界

ブラックホールは小さいものほど早い段階で蒸発しはじめます。もし観察できるなら，はじめは鈍い赤色で輝き始め，しだいに白くギラギラ輝きだすのが見られるでしょう。大きなブラックホールの周囲には遠くの小さなブラックホールの輝きが集まります（「重力レンズ効果」）。銀河がまるごとつぶれたような大きなブラックホールが蒸発を終えるときに宇宙は"死"をむかえ，暗やみに閉ざされます。

宇宙の未来やブラックホールの行く末はどうなるのでしょうか。太陽はあと80億年ほどたつと燃えつきます。太陽よりも長生きな軽い星でも約100兆年後には燃えつきてしまいます。残るのは恒星質量ブラックホールや白色矮星などです。銀河の中ではごくまれに星どうしが接近し、銀河の中心に"落下"したり、銀河の外に放りだされたりします。**銀河中心のブラックホールは落ちてきた天体を飲みこみ、巨大化していきます。**

そして10²⁰年（1垓年）後ごろには、銀河はつぶれ、巨大なブラックホールの間の莫大な空間を、小さなブラックホールや冷えた星がさまよいます。さらに時間がたつと、陽子や中性子も崩壊し、星々は蒸発し、宇宙はブラックホールだけになり、宇宙のいたるところで蒸発し輝きはじめます。**そしてこの蒸発が大爆発を経てすべて終わると、素粒子だけが飛びかい、永遠に膨張しながら冷えていくだけの静かな宇宙になるのです。**実質的な宇宙の"死"です※。

※：現在の宇宙のゆるやかな加速膨張がこれからもつづいた場合のシナリオで、これ以外の未来も予想されている。

何でも吐きだす「ホワイトホール」とは

相対性理論が，**ブラックホールとともにその存在を予言**したのが「ホワイトホール」です。ブラックホールとホワイトホールは，たがいの時間をひっくりかえした関係にあるといいます。たとえば，ボールを投げ上げて落下するまでのようすをビデオで撮影したとしましょう。これを逆まわしで再生してみても，ボールの運動は何ら物理法則に反していないはずです（空気抵抗などは除く）。このボールのように，重力にしたがった物体の運動は，その時間を反転させても，やはり重力にしたがった運動になるのです。

つまり，ブラックホールの重力がおこす現象も，やはり時間を反転させてもなりたつのです。物体を次々に飲みこんでいるブラックホールの時間を反転させると，ブラックホールから物体が次々に飛びだしてくることになります。とても奇妙な光景ですが，これは重力の法則に反していないのです。**このような奇妙な現象がおきる天体を，ホワイトホールとよびます。**

このことから，ホワイトホールの性質がわかります。つまり，ブラックホールは何ものもその内部から脱出できない天体であるのに対して，ホワイトホールは何ものもその内部にとどまることができない天体ということです。**ホワイトホールは，その内部の特異点に集中している質量を，物質や光などとしてどんどん吐きだします。**

ブラックホールに境界面があったように，ホワイトホールにも境界面があります。ホワイトホールの境界面の内側から外側には移動できますが，外側から内側に向けては，光でさえ進入できません。

しかし，このような天体が現実の宇宙に，実際に存在するのでしょうか？ **ホワイトホールが宇宙のどこかにあるかもしれないと期待している人はいますが，今のところ，ホワイトホールらしき天体はみつかっていません。**

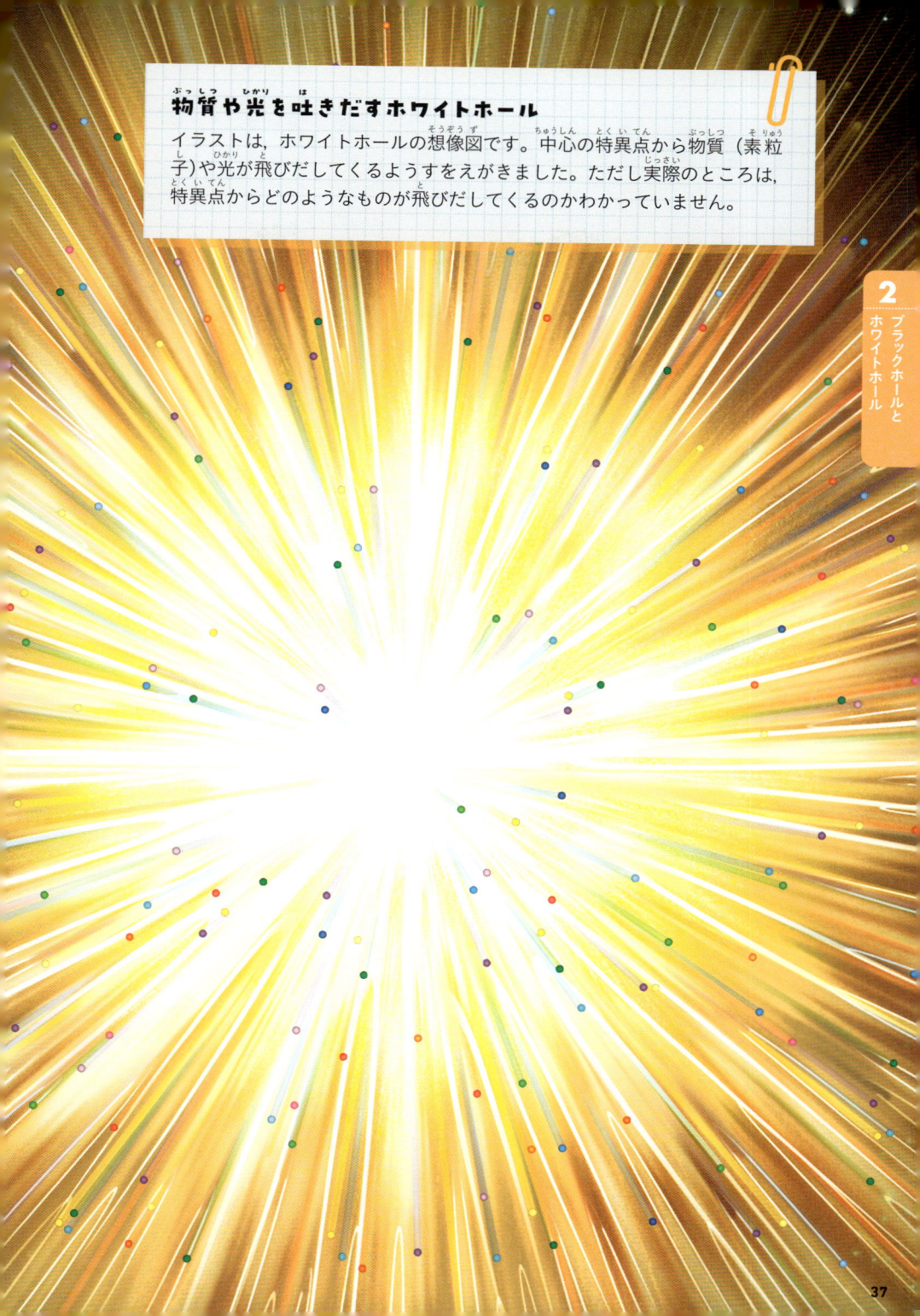

物質や光を吐きだすホワイトホール

イラストは，ホワイトホールの想像図です。中心の特異点から物質（素粒子）や光が飛びだしてくるようすをえがきました。ただし実際のところは，特異点からどのようなものが飛びだしてくるのかわかっていません。

ブラックホールとホワイトホールは つながっている?

相対性理論を単純にブラックホールの中心に応用すると,さまざまな物理量が無限大の特異点ができるため,計算できなくなります(24ページ)。新しい理論のかぎとなるのが,現代物理学のもう一つの基礎理論である量子力学です。

アメリカの理論物理学者ハル・ハガード博士は,量子力学の効果によって,ブラックホールの中心部で物理量の無限大が避けられるとすると,次のようなことがおきると考えました。ブラックホールの中心部には,特異点のかわりに,量子力学的な効果がはたらくごく小さな領域が生じます。ブラックホールに飲みこまれた物質は,どんどん内部に落ちこんで,ブラックホールの中心部で,この小さな領域に達するでしょう。量子力学では,電子が壁をすり抜ける「トンネル効果」という不思議な現象が知られています。壁に近づいていく軌道にあった電子が,トンネル効果によって,本来通り抜けることができないはずの壁の向こう側に移り,壁から遠ざかる軌道にのるというものです。

ハガード博士の仮説によると,ブラックホールの内部へ落ちこむ軌道にあった物質は,中心部に達すると,トンネル効果によって,ホワイトホールから外へ放出される物質の軌道に移ります。そしてホワイトホールの事象の地平面を通過して外へ飛びだしていきます。

これを外部から観察すると,ブラックホールは長い長い時間ののちにホワイトホールに変わり,飲みこんだ物質を放出することになります。いわば,トンネル効果によってブラックホールがホワイトホールに変わるのです。

ただし,太陽質量程度のブラックホールでこの変化がおきるには 10^{24} 年,つまり1兆年の1兆倍ほどの時間が必要なので,現在は観測することができません。これが,ホワイトホールを発見できない理由だとされます。

ホワイトホールの姿

ブラックホールの事象の地平面の内側にあった物質は，中心部へ落ちこんでいきますが，量子力学的な領域に達すると，トンネル効果によってホワイトホールから出ていく軌道に移り，外部へ放出されます。外部の観測者には，ブラックホールがホワイトホールに変わったようにみえるのです。

二つの空間をつなげる
「ワームホール」がある？

空間と空間をつなぐワームホール

イラストは，ペアで存在するワームホールの曲がった空間構造を模式的にえがいています。イラストではろうとをつなげたような形状になっていますが，実際の３次元空間ではワームホールは球状で，二つのワームホールの事象の地平面の裏側がそれぞれ相手の事象の地平面の外側に貼り合わされた状態になっています。その結果，二つのワームホールは双方向に通過できます。またブラックホールとことなり，ワームホールには内部領域はありません。

ホワイトホール

ワームホール

相対性理論が予言する「穴」がもう一つあります。**それが「ワームホール（虫食い穴）」です。**ワームホールは，ある空間と別の空間をつなぐ抜け道のような構造をしていて，くぐり抜けると一瞬にして別の空間に移動するといいます。

たとえばリンゴの表面にいる小さな虫が，リンゴの反対側にたどり着くためには，表面を伝っていくしかありません。しかし，リンゴの中心に反対側まで通じるトンネルをつくったとすれば，虫はこれまでよりも早くリンゴの反対側にたどり着けるようになります。ワームホールとは，まさにこの虫食い穴のような存在といえます。

ブラックホールとホワイトホールが時間を反転した時空の連結構造であるのに対し，ワームホールはことなる空間をつなぐ時空の連結構造なのです。**一般的なワームホールはペアで存在し，事象の地平面どうしが表裏で貼り合わせた構造になっていて，双方向に通過できます。**またワームホールに内部空間はありません。

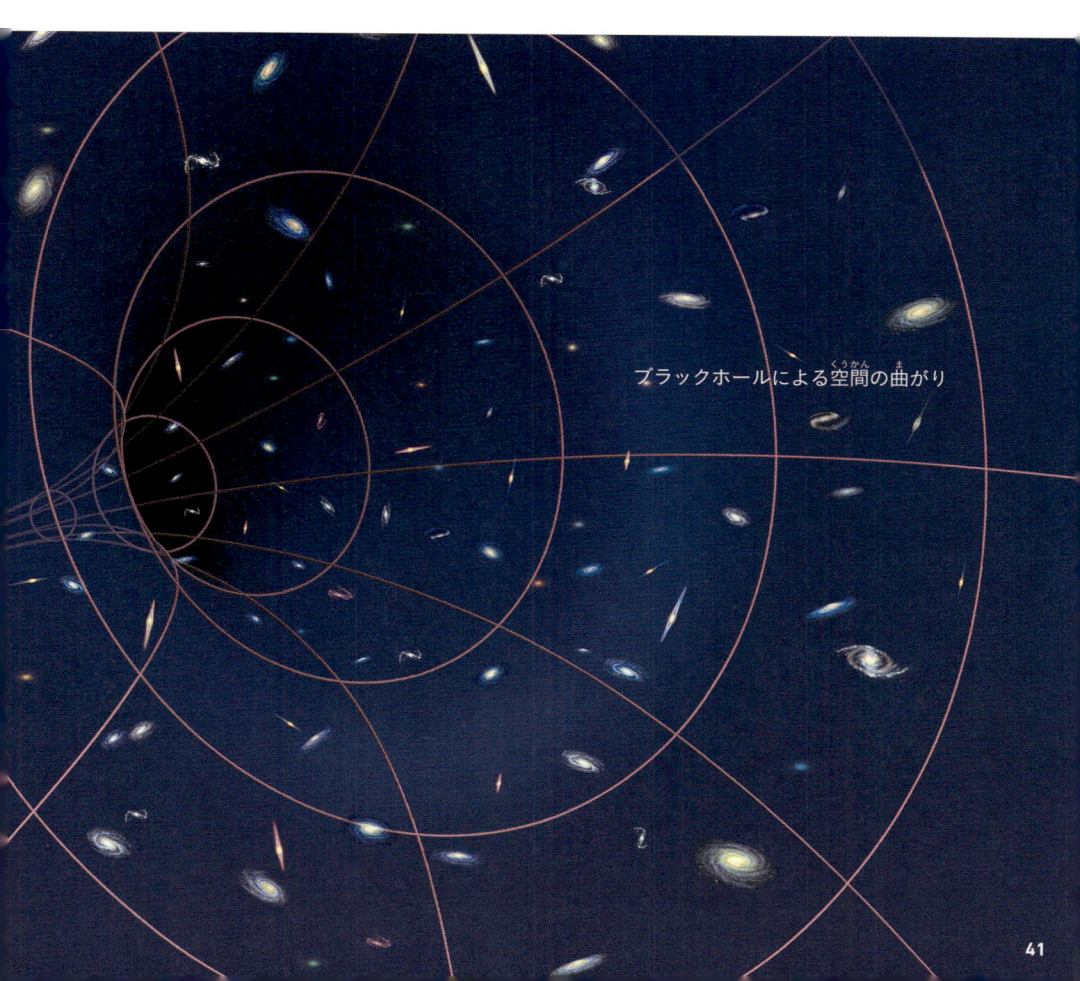

ブラックホールによる空間の曲がり

ワームホールを使って
タイムトラベルができる？

ワームホールを使った
過去へのタイムトラベル

イラストはワームホールを使って過去へのタイムトラベルを実現するために，ワームホールの一方の出入り口を移動させているようすをえがいています。ワームホールの出入り口を光速に近い速度で移動させると，その出入り口の時間は遅れます。相対性理論によって予測されるこの効果を利用して時間のずれを生みだし，過去へのタイムトラベルを行うのです。

一方の出入り口
（移動させない）

特 異点が存在せず一方通行でもないワームホールが存在すれば、「空間の壁」と「時間の壁」をこえるタイムトラベルが可能になるといいます。

現在が「2100年」だとしましょう。地球のそばにワームホールの出入り口が両方ともあるとします（**1**）。このうちの一方を光速に近い速さでいったん遠ざけ（**2**）、ただちに引きもどします（**3**）。するとこの間に、地球では10年経過した（2110年）の

に対し、動かしたほうの出入り口は時間が遅れて2年しか経過していない（2102年）ということがおこりえます。ここで2102年の出入り口に飛びこめば、2110年の世界にいる人が、2102年の世界にタイムトラベルできるというわけです（**4**）。

なお、この方法では2100年より過去へのタイムトラベルは不可能です。**現在はワームホールタイムマシンがないので、未来からのタイムトラベラーは来られないことになります。**

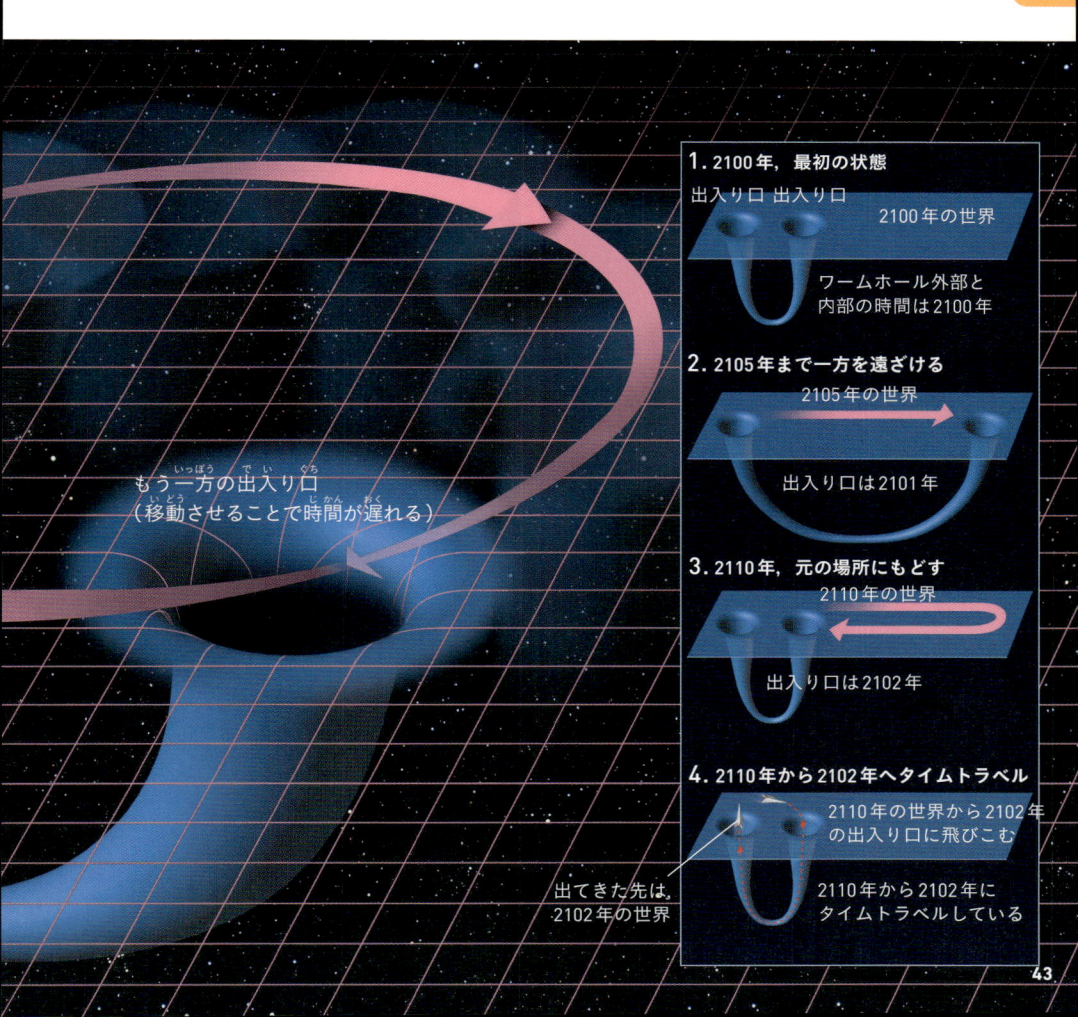

もう一方の出入り口
（移動させることで時間が遅れる）

1. 2100年，最初の状態
出入り口 出入り口
2100年の世界
ワームホール外部と内部の時間は2100年

2. 2105年まで一方を遠ざける
2105年の世界
出入り口は2101年

3. 2110年，元の場所にもどす
2110年の世界
出入り口は2102年

4. 2110年から2102年へタイムトラベル
2110年の世界から2102年の出入り口に飛びこむ
出てきた先は、2102年の世界
2110年から2102年にタイムトラベルしている

ミクロの世界であらわれては消えるワームホール

ミクロの世界ではワームホールは日常的にあらわれる？

イラストは，量子論にしたがい，ミクロの世界で生成・消滅をくりかえしているワームホールのイメージです。量子論によると，非常に小さなスケールで，なおかつ非常に短い時間について考えると，あらゆる空間は一定の状態にとどまっていることはないといいます。エネルギーのゆらぎがつねに存在し，そのゆらぎによってワームホールがあらわれては消えているというのです。

ワームホールの
トンネル状の構造

枝分かれしたワームホール

ワームホールは実在するのでしょうか。量子論によると、ミクロな領域ではエネルギーの「ゆらぎ」があり、ある領域ととなりの領域で、つねにエネルギーの貸し借りをしています。このエネルギーを使って、さまざまな素粒子のペアが瞬間的に生成されたり、消滅してエネルギーを元にもどしたりといったことが、つねにおきているのです（30ページ）。これは特殊な空間の話ではなく、宇宙でも、私たちの身のまわりの空間でもおきています。

多くの研究者は、このような「ゆらぎ」によって、あらゆる空間で微小なワームホールが瞬間的に生成・消滅をくりかえしていると考えています。 ただし私たちはこれを観測することはできません。この微小なワームホールを大きくし、安定させることができれば、空間をこえた移動やタイムトラベルに利用できるかもしれませんが、その方法はまったくわかっていません。

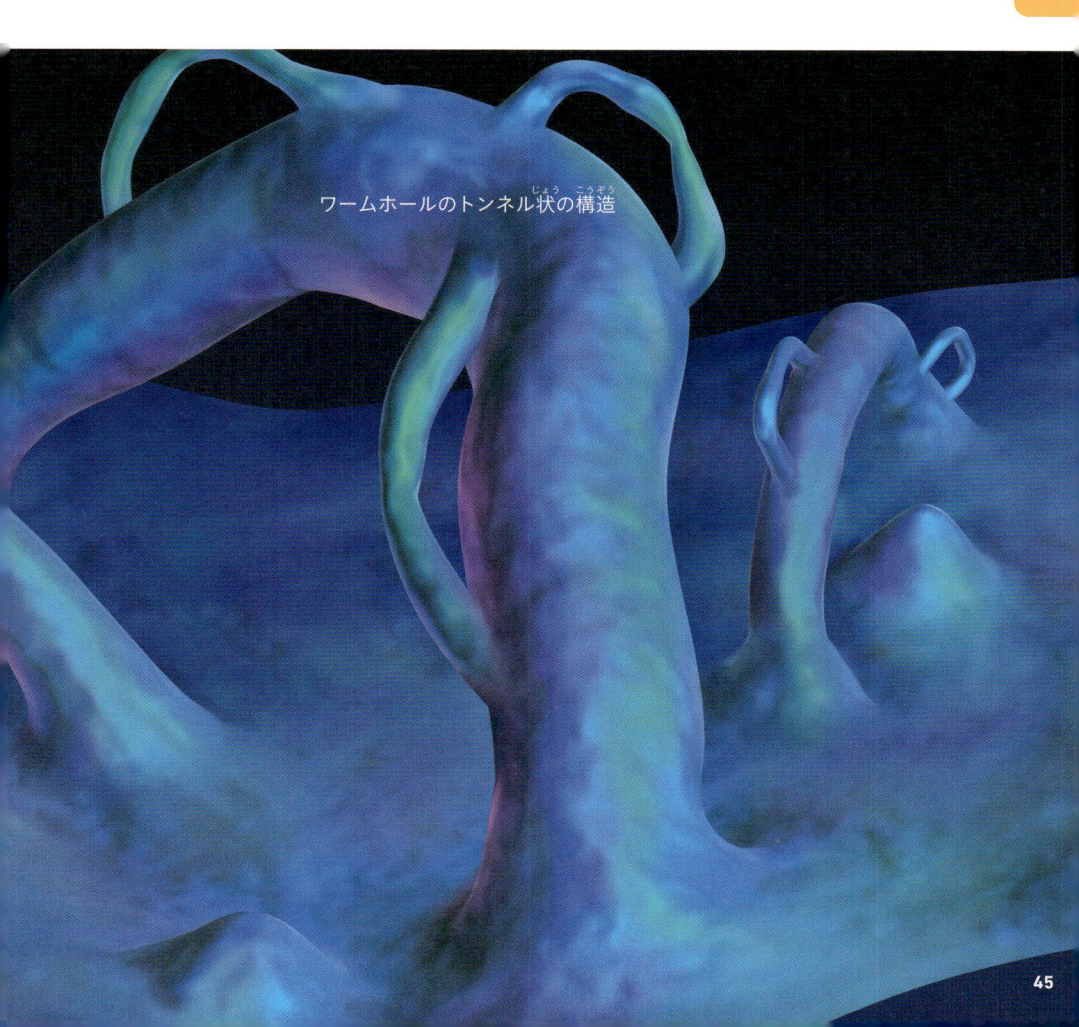

ワームホールのトンネル状の構造

世界の快挙につづけ！
日本のブラックホール研究

20 20年のノーベル物理学賞は，ブラックホールが宇宙に実在することを理論と観測から裏づけたイギリスとドイツ，それにアメリカの3人の研究者に贈られました。2017年にはEHT（104ページ参照）がブラックホールを直接撮影することにも成功しており，勢いのある分野といえます。今後は，ほかの手法でブラックホールの証拠をさがすことも重要なテーマです。

そうしたブラックホールの証拠さがしとして，ブラックホールの周囲でしかみられない物理現象をさがす観測が行われています。たとえば，ブラックホールを取り巻くガス円盤（降着円盤）から出る光の波長が引きのばされる「重力赤方偏移」という現象が使えます。

重力赤方偏移は，ブラックホールのまわりのようなきわめて強い重力場でのみおこる，一般相対性理論にもとづく赤方偏移です。もし重力赤方偏移を観測できれば，そこにブラックホールが実在する有力な証拠となります。

この重力赤方偏移かもしれない現象をはじめて観測したのが，日本のX線天文衛星「あすか」です。あすかは1995年にケンタウルス座の活動銀河「MCG-6-30-15」の中心部を観測し，鉄原子から出るX線の波長がのびているようにみえるスペクトルをみつけました。

MCG-6-30-15の想像図

2023年9月に打ち上げられたＸ線分光撮像衛星「XRISM（クリズム）」は，2024年3月から定常運用へ移行しました。この衛星は，銀河からのＸ線を精密に観測できる性能をもっていて，Ｘ線スペクトルのくわしい性質を調べることで重力赤方偏移の問題に決着をつけられると期待されています。

3

恒星から生まれるブラックホール

ここからは，典型的なブラックホールである「恒星質量ブラックホール」についてみていきましょう。恒星質量ブラックホールは恒星の"成れの果て"ともいえます。どのようなメカニズムで生まれるのでしょうか。そして，それを科学者たちはどのようにしてみつけだすことができたのでしょうか。

ブラックホールを予言した二つの理論

ブラックホールは，光さえも脱出できない天体です。そもそも，いったいどうしてそのような奇妙な天体が存在すると考えられてきたのでしょうか？

　もともとブラックホールは，重力に関する二つの理論によって予言された天体です。一つは，17世紀にイギリスの物理学者アイザック・ニュートン（1642 ～ 1727）が提唱した「万有引力の法則」です。**ニュートンは，「質量をもつ物体どうしはすべて万有引力（重力）で引き合う」と考えたのです。**この理論は重力がどのような法則ではたらくのかを明らかにしましたが，なぜ万有引力が生じるかまでは説明しませんでした。

　もう一つは，20世紀にドイツ生まれの物理学者アルバート・アインシュタイン（1879 ～ 1955）が提唱した「一般相対性理論」です。**一般相対性理論によって，重力の正体は「時空の曲がり」であることが明らかにされました。**この時空の曲がりは，物体の質量や密度が大きいほど大きく，物体に近いほど大きくなります。

二つの理論が明らかにした重力のしくみ

ニュートン力学によって，太陽と地球の間で重力（万有引力）がはたらくことが明らかにされました。また，一般相対性理論によって，重力の正体は時空の曲がりであり，ボールが地面のくぼみの影響を受けて周回するように，惑星が公転していることが明らかにされました。

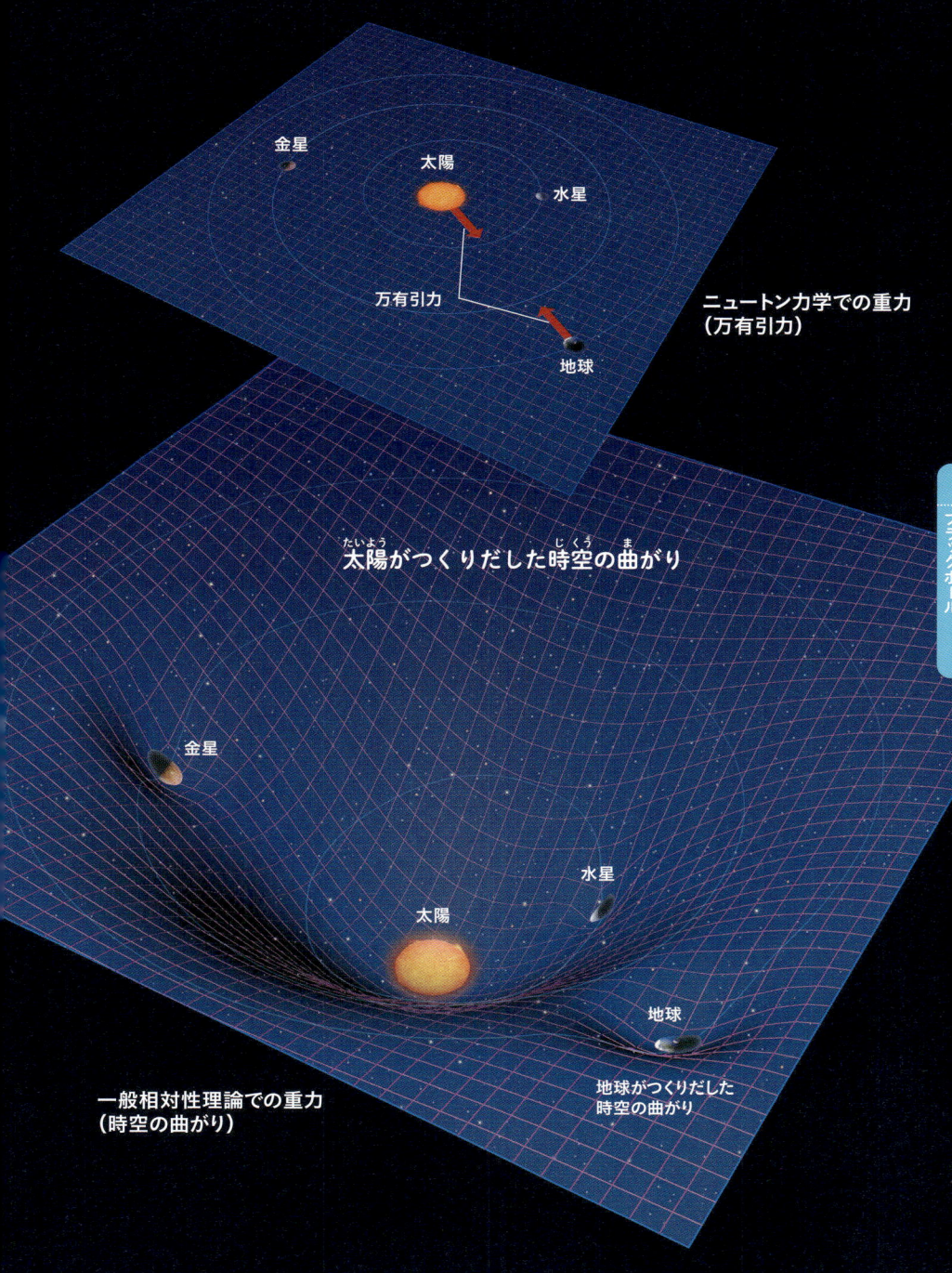

ニュートン力学での重力
（万有引力）

金星

太陽

水星

万有引力

地球

太陽がつくりだした時空の曲がり

金星

水星

太陽

地球

一般相対性理論での重力
（時空の曲がり）

地球がつくりだした
時空の曲がり

注：上のイラストでは，3次元空間の曲がりを2次元の面のへこみとして表現している。

多くの研究者がブラックホールの実在を否定した

18世紀末の科学者たちは，ニュートンの万有引力の法則にもとづき，「光でさえ脱出できない星」を考えました。「天体の質量をどんどん大きくしていくと，ついには光の速さをもってしても，天体の重力を振り切って飛び去ることができなくなる。そのような天体は光すら脱出できないので観測できない，つまり『見えない星』になるだろう」と予想したのです。

ドイツの物理学者カール・シュバルツシルト（1873 ～ 1916）は1916年，一般相対性理論から恒星の表面近くや内部の重力について計算する式をみちびきました。その式の一つの帰結は，恒星が押しつぶされて密度が高くなりすぎると，物や光を無限に吸いこむようになるというものでした。

この非常に小さく高密度な天体は，「凍りついた星」などとよばれていましたが，ジャーナリストが名づけた「ブラックホール」というよび名を，アメリカの物理学者ジョン・ホイラー（1911 ～ 2008）が1967年から広めました。

イラストは，光がブラックホールのまわりを通るようすをえがいています。右のイラストの曲面は，大きく傾いている場所ほど，ブラックホールの重力によって空間が大きくゆがめられていることをあらわしています。光はゆがんだ空間の中を通るため，ブラックホールのほうへ引き寄せられるのです。

当時の多くの天文学者はもちろん，一般相対性理論をとなえたアインシュタインすらも，ブラックホールが宇宙のどこかに実在するとは考えていなかったといいます。ブラックホールは，非常に質量が大きいにもかかわらず，その全質量が1点（特異点）に集中している天体です。このような天体は理論上の存在にとどまり，実在しないと考えられていたのです。

直進する光

ブラックホールは光も吸いこむ

イラストは，ブラックホール（中央の黒い球）のまわりでの光の通り方をえがいています。ブラックホールからはなれた場所を通る光は，ほとんどブラックホールの影響を受けません。しかし，ブラックホールの近くを通る光は，その進路を大きく変えられたり，吸いこまれて抜けだせなくなったりします。

進路がわずかに変わった光

進路が大きく曲がった光

ブラックホールに
吸いこまれた光

3

恒星から生まれる
ブラックホール

白色矮星や中性子星に よって,ブラックホールが 認められはじめた

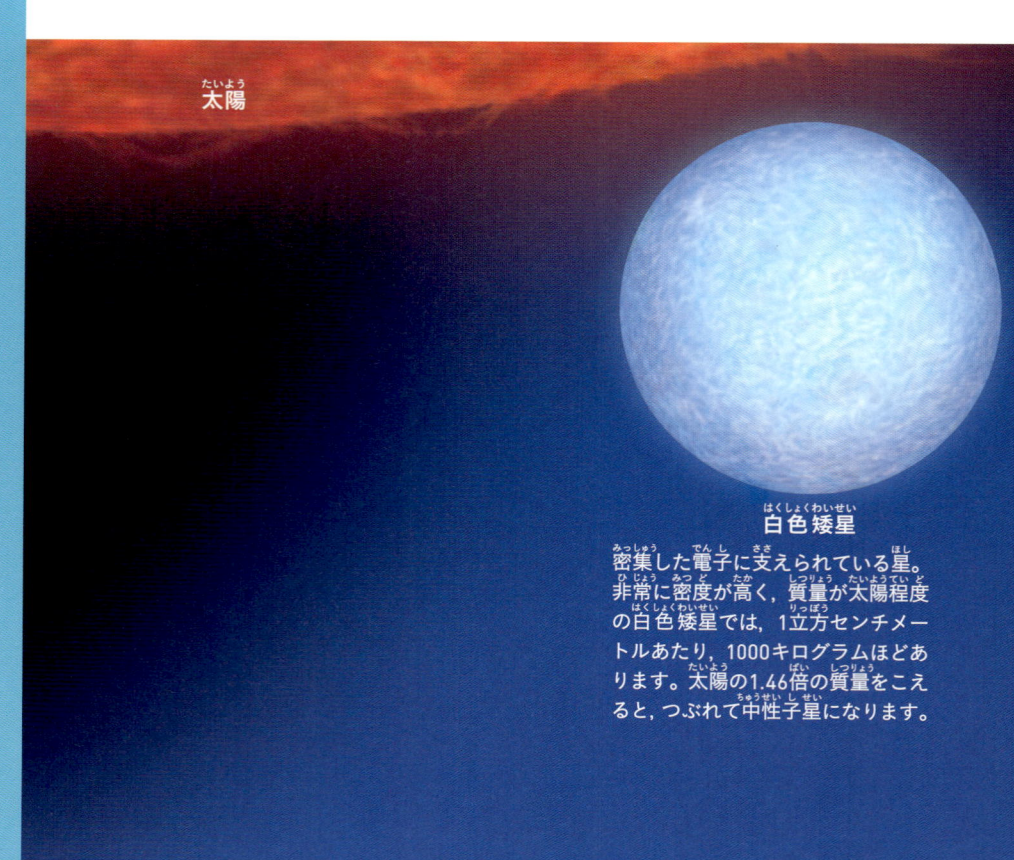

太陽

白色矮星

密集した電子に支えられている星。非常に密度が高く,質量が太陽程度の白色矮星では,1立方センチメートルあたり,1000キログラムほどあります。太陽の1.46倍の質量をこえると,つぶれて中性子星になります。

19 30年代になると、ブラックホールは実在するかもしれないと考えられるようになります。当時、非常に小さくて密度の高い星である「白色矮星」がみつかっていました。インド生まれの物理学者スブラマニアン・チャンドラセカール（1910 ～ 1995）は、「白色矮星の質量が太陽の質量の1.46倍になると、半径がゼロの星になる」ととなえました。当時、まだ「ブラックホール」という言葉はありませんでしたが、これはまさにその存在を予言したものです。実際、太陽の1.46倍以上の質量をもつ白色矮星はみつからなかったのです。

1939年には、アメリカの物理学者J・ロバート・オッペンハイマー（1904 ～ 1967）が、主に中性子からなる「中性子星」に質量の限界があることを理論的にみちびきました。そして「中性子星は太陽質量の3倍をこえると、重力崩壊が無限につづき、つぶれつづける」ととなえたのです。

その後、中性子星よりも強い重力に耐える星は考えだされませんでした。**そのため一部の天文学者たちは、「あまりにも重い星が燃えつきて重力崩壊をおこすと、ブラックホールになるかもしれない」と考えるようになったのです。**

質量の限界をこえるとブラックホールができる？

チャンドラセカールは、白色矮星が耐えることができる自己の重力に限界があることをみちびきだしました。また、オッペンハイマーは、中性子星が太陽の質量の3倍をこえると、重力崩壊が無限につづくと考えました。

中性子星

主に中性子からなる星。1立方センチメートルあたり、1億～10億トンある、非常に高密度な天体。太陽の3倍の質量をこえると、崩壊してブラックホールになります。

ブラックホール

質量が太陽の8倍以上の恒星は，やがて「超新星爆発」をおこす

重力崩壊による，重い恒星の大爆発

赤色巨星（または赤色超巨星）

ここでは質量が太陽の8倍程度以上の恒星の晩年の姿をあらわす。

中心付近（酸素・ネオン・マグネシウムの層付近から内側）では，衝撃波の加熱によって新たな核反応が爆発的に進み，元素の再合成がおきる。鉄，ニッケル，ケイ素，硫黄，カルシウムなどが新たに合成される。

水素の層
ヘリウムの層
炭素と酸素の層
酸素・ネオン・マグネシウムの層
ケイ素の層
鉄のコア

拡大

鉄のコアの重力崩壊

衝撃波

落下してきた周囲の物質が，収縮を停止した硬い中心部にぶつかり，はねかえることで衝撃波が発生する。

外側に向かって進む衝撃波

衝撃波が恒星の表面に到達

硬い中性子のかたまり

中心部は収縮を停止し，主に中性子からなる硬いかたまりとなる。

収縮する鉄のコア

恒星は「核融合反応」によって輝いています。水素が融合してヘリウムになるように、軽い元素から重い元素が生成されていきます。核融合反応は莫大な熱を発生させるため、熱による「膨張する力」が、自身の「重力（ちぢもうとする力）」に対抗して、星の形が保たれるようになります。

しかし、重い恒星が晩年をむかえ、重い鉄ができるようになると、核融合反応は終わります。鉄は最も安定な原子核なので恒星内部では基本的に核融合反応をおこさないのです。そして、中心部にできた鉄のコアは、やがてみずからの重力に耐えきれれなくなり、急激に収縮をはじめます（重力崩壊）。

中心部はすぐに収縮の限界に達して硬いかたまりとなり、そこに周囲から勢いよく落下してきた物質がぶつかり、衝撃波が発生します。この衝撃波が恒星の表面まで達すると、星全体が大爆発をおこします。これが「超新星爆発」です。恒星の質量が太陽の8〜25倍の場合、爆発のあとには中性子星が残されます。

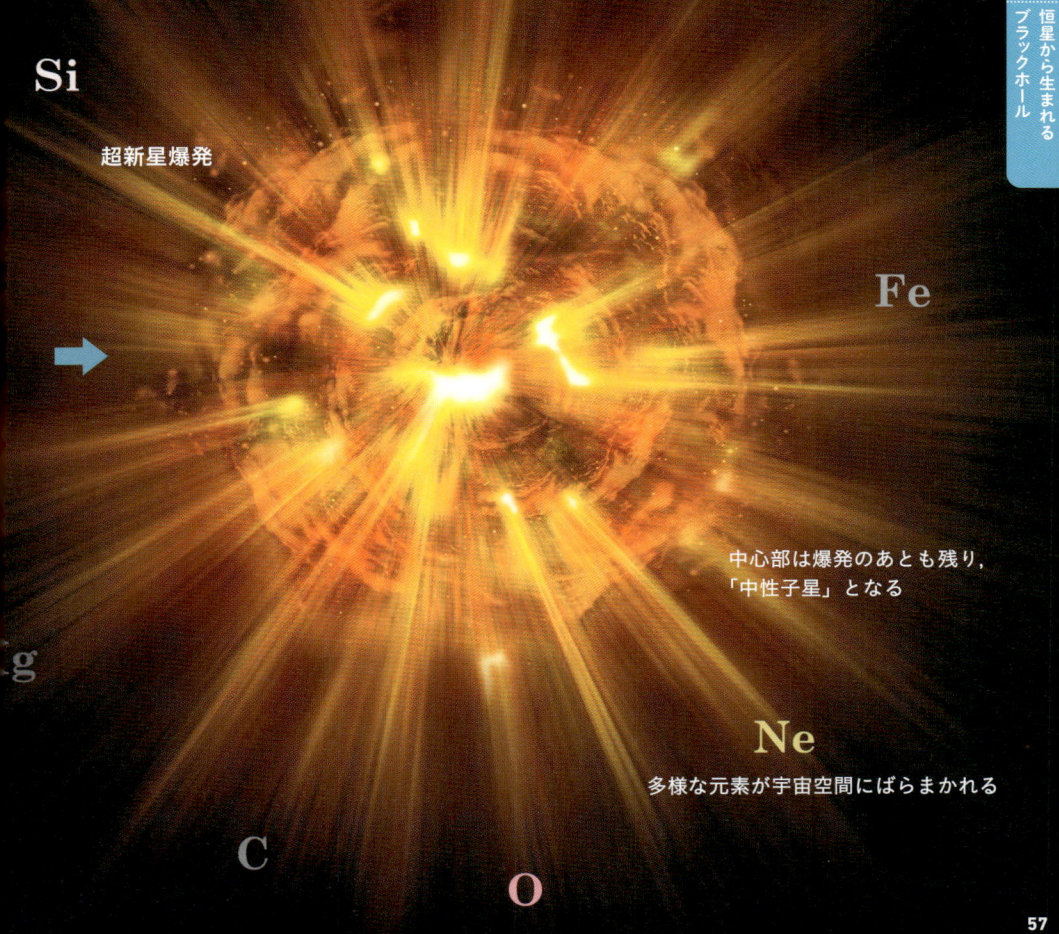

Si

超新星爆発

Fe

中心部は爆発のあとも残り、「中性子星」となる

g

Ne

多様な元素が宇宙空間にばらまかれる

C

O

大爆発してブラックホールを生みだす「極超新星」

質量が太陽の25倍をこえる恒星が超新星爆発をおこすと，中性子のかたまりでさえも限界質量をこえてしまいます。その場合，中心に残されるのは中性子星ではなく，ブラックホールとなります。これが恒星質量ブラックホールが誕生するしくみです。

1998年，太陽の8〜40倍の星がおこす超新星爆発にくらべ，10倍も明るく輝く特殊な超新星が，ESO（ヨーロッパ南天天文台）によって発見されました。このような特殊な超新星は「極超新星（ハイパーノヴァ：hypernova）」とよばれ，その爆発はブラックホールが引きおこすものだと考えられるようになりました。なぜ，物質を吸いこむはずのブラックホールが，物質を吹き飛ばして爆発をおこすのでしょうか。

極超新星爆発は，星の内部でできたブラックホールが，はげしく回転している場合におきると考えられています。回転するブラックホールは，星の物質を巻きとり，まわりに円盤をつくります。すると回転に振りまわされた物質が，星の磁場の作用で強烈なジェットとなって噴きだします。このジェットが星を突き破り，大爆発をおこすというのです。

一方，ブラックホールがあまり回転しない場合は，星の内部で弱いジェットを噴きだすものの，星の物質のほとんどがブラックホールに吸いこまれていきます。すると，通常の超新星爆発よりも弱い超新星爆発，「暗い超新星（faint supernova）」になると考えられています。

極超新星（ハイパーノヴァ）

星の内部にできたブラックホールが高速で回転している場合，ブラックホールは星の物質を巻きこんで円盤をつくり，円盤から強力なジェットを噴きださせます。円盤から噴きだした強力なジェットは，星を内部から破壊すると考えられています。

星の内部から
噴きだすジェット

星の内部でできた
高速で回転する
ブラックホール

星の一生は
その重さで決まる

星の一生を左右するのは，その星ができたときの質量です。星の質量が大きいほど，寿命は短くなります。

　星の質量が太陽の0.08倍以下の場合は，少しずつ収縮しつづけ，数兆年にわたって，光を少しずつ弱めながら輝きつづけます。このような星は，「褐色矮星」とよばれています。

　星の質量が太陽の0.08〜8倍の比較的小さな星は，数億〜数百億年にわたって少しずつ内部の元素を燃やしつづけ，あとに白色矮星とよばれる小さな星が残されます。

　星の質量が太陽の8〜25倍の場合は，核融合反応が速く進むため，数千万年で内部の元素を使い果たすと考えられます。最後に超新星爆発をおこし，あとに中性子星が残されます。

　星の質量が太陽の25倍以上の重い星の場合は，さらに核融合反応が速く進むため，わずか数百万年ほどで核融合反応は終わりをむかえます。すると，大量の物質が重力崩壊して中心部にブラックホールができます。

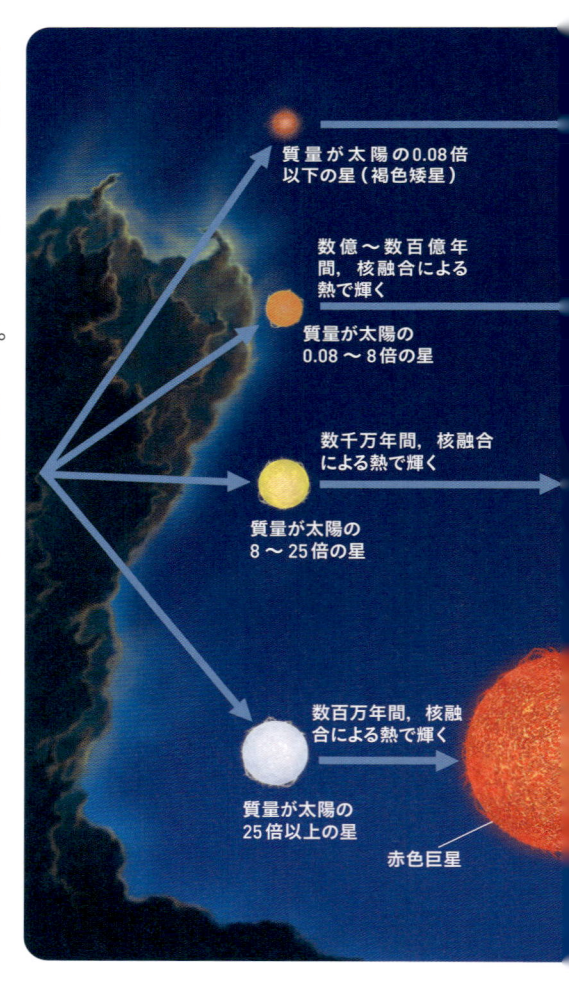

質量が太陽の0.08倍以下の星（褐色矮星）

数億〜数百億年間，核融合による熱で輝く

質量が太陽の0.08〜8倍の星

数千万年間，核融合による熱で輝く

質量が太陽の8〜25倍の星

数百万年間，核融合による熱で輝く

質量が太陽の25倍以上の星

赤色巨星

すべての恒星（こうせい）がブラックホールになるわけではない

恒星が超新星爆発をおこすのは，質量が太陽の8倍以上の場合になります。爆発後，中心にブラックホールが残るのは，さらに質量が太陽の25倍以上の場合になります。太陽が遠い未来，爆発してブラックホールになることはないのです。

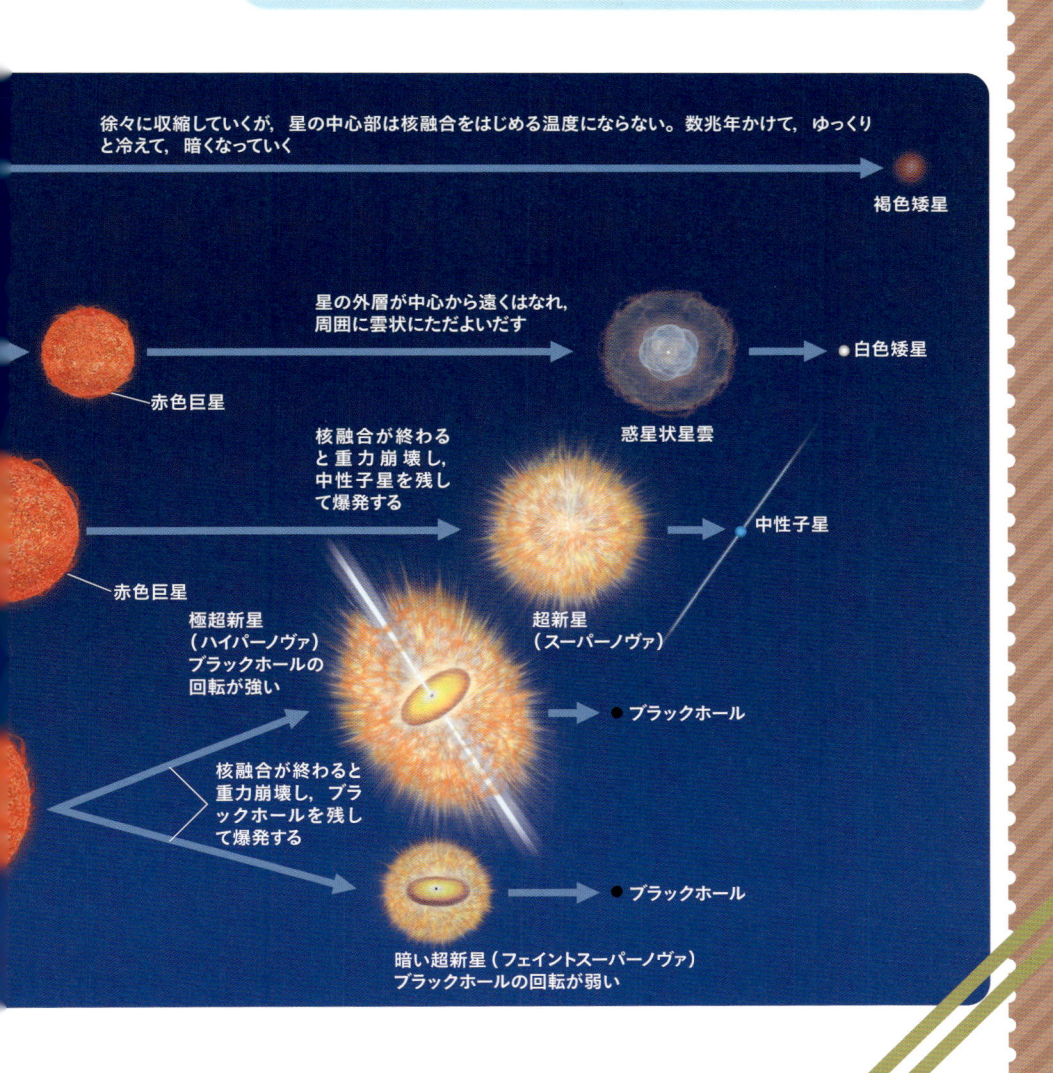

徐々に収縮していくが，星の中心部は核融合をはじめる温度にならない。数兆年かけて，ゆっくりと冷えて，暗くなっていく

褐色矮星

星の外層が中心から遠くはなれ，周囲に雲状にただよいだす

白色矮星

赤色巨星

惑星状星雲

核融合が終わると重力崩壊し，中性子星を残して爆発する

中性子星

赤色巨星

超新星（スーパーノヴァ）

極超新星（ハイパーノヴァ）ブラックホールの回転が強い

ブラックホール

核融合が終わると重力崩壊し，ブラックホールを残して爆発する

ブラックホール

暗い超新星（フェイントスーパーノヴァ）ブラックホールの回転が弱い

ブラックホールをみつけだす
にはどうすればよいのか？

ブラックホールを誕生させる天文現象の理論的な裏づけは，オッペンハイマーによって得られました。しかし困ったことに，ブラックホールそのものを観測することはできません。ブラックホールそのものから光（電磁波）が届くことはないからです。

ただし，間接的にであれば観測可能なことが，1960年代にはわかってきました。**ブラックホールが単独で存在するときには観測は困難です。しかし，恒星とペアをつくる「連星ブラックホール」なら，みつけだせるというのです。**

二つ以上の恒星がセットになった「連星」を考えてみましょう。連星とは，二つの恒星が共通の重心をまわっている天体です。私たちの太陽は単独の恒星ですが，宇宙ではむしろ，二つ以上の恒星がセットになった連星のほうが一般的なのです。

連星の一方がブラックホールとなったとしましょう。恒星はガスのかたまりなので，もう一方の恒星をつくるガスは，ブラックホールの重力によってはぎ取られ，ブラックホールに吸い寄せられると予測されます。**このガスはブラックホールの周囲に円盤状の構造（降着円盤）をつくり，渦を巻くようにブラックホールへと落ちこんでいくと考えられます。**

ホットスポット
伴星のガスが円盤に流れこむ場所

降着円盤
円盤の中心でブラックホールが回転している。

ジェット

3
恒星から生まれる
ブラックホール

ブラックホールが恒星をしたがえて円盤をつくる
こうせい　　　　　　　　　　　　　えんばん

イラストは，ブラックホールが伴星からガスをはぎ取り，その周囲に
こうちゃくえんばん　　　　　　　　　　　　ばんせい　　　　　　　　　　　ばんせい
降着円盤をつくっているようすをえがいています。伴星はブラックホー
ひ　　　　　　るいてき　　　　　　　かたち　へんけい　　　　　　　　　ぜんたん　　　　　　うば
ルに引かれて涙滴のような形に変形しており，先端からガスが奪わ
こうそくかいてん
れつづけています。ガスは高速回転しながらブラックホールへと落ち
の
こんでいきます。ブラックホールはすべてのガスを飲みこめるわけで
いちぶ　　た　　のこ　　　　　　　　　　　　　ふ
はなく，一部の"食べ残し"はジェットとして噴きだしています。

ブラックホールは
強烈なX線を放っている

ブラックホールの周囲を回転する降着円盤のガスは，ものすごいスピードで加速されます。イラストは，62ページでみた連星をなすブラックホールを約2000倍に拡大しています。太陽の10倍の質量をもつブラックホールの場合，半径は約30キロメートルです。このとき，円盤全体の大きさは300万キロメートルほどになります。**非常に小さな天体が巨大な円盤をつくり，振りまわしているのです。**

円盤のガスどうしは，摩擦によって加熱され，回転速度の速い中心付近ほど高温となります。その温度は中心付近では数千万℃にも達し，高エネルギーの光であるX線を発します。**ブラックホールに吸いこまれる直前の物質からは，強力なX線が放射されているはずです。このようすを観測できれば，ブラックホールの証拠を得たことになるのです**[※]。そして1971年，ついに，X線観測によってブラックホールが発見されたのです。

※：中性子星も恒星と連星をなし，降着円盤からX線を放出する場合がある。

ジェット

ブラックホール

せまい範囲からX線を放射する

イラストは，降着円盤の中心部をえがいています。この領域では，高温になったガスからX線が放射されています。円盤全体の1パーセントに満たない，せまい領域から，強烈なX線が放射されているのです。

またイラストでは，引き寄せられた大量のガスが，ブラックホールをおおいかくしています。ブラックホールの「入り口」は有限なので，吸いこみきれなかったガスは，円盤の上下方向に「ジェット」となって飛びだしています。

"X線の目"が
ブラックホールの
候補をみつけだした

宇宙からのX線をとらえるには，空気のない宇宙空間からの観測が不可欠です。X線は，地球の大気に吸収されるため，地上の天文台では観測できない光の一つなのです。

そこで1960年ごろから，ロケットにX線センサーを取りつけ，打ち上げる試みがはじまりました。多くの天文学者は，この試みがむだに終わると考えていました。強いX線を放つには，1000万℃以上の高温が必要になります。当時知られていた星の表面温度は，高くても数万℃ほどでした。そのため天文学者たちは，1000万℃の天体などあるはずがないと考えていました。

しかし1962年，さそり座の方向に最初のX線天体が発見されたのです。「さそり座X-1」とよばれるこの天体は，中性子星と恒星からなる連星です。

また，「かにパルサー」は，1969年に「超新星残骸」の内部でみつかった最初の中性子星です。この発見により，超新星爆発の際に中性子星ができることが証明されました。

これらのX線天体が発見されはじめたころ，ロシアの天文学者ヤコブ・セルドビッチ（1914～1987）らが，ブラックホールもX線で観測できるかもしれないと提案しました。そしてついに発見されたのが，太陽から約6000光年の距離にある「はくちょう座X-1」です。この天体は1964年に発見されたあと，1971年にはX線天文衛星「ウフル」によって詳細に観測された結果，ブラックホールと，ガスをはぎ取られつつある伴星の連星であると結論づけられました。

はくちょう座 η 星

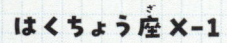

はくちょう座 X-1

上の画像はNASAのチャンドラX線観測衛星で撮影されたはくちょう座X-1です。一帯は，可視光で見ると無数の星が輝いている領域です。しかしX線で見ると，はくちょう座X-1だけがぼんやりと輝いています。くわしい観測により，このはくちょう座X-1は超巨星「HDE226868」（左の矢印で示した星）と連星をなしていることがわかりました。

ブラックホールと中性子星を どうやって区別する？

伴星

連星をなすブラックホールだけではなく，連星をなす中性子星も，降着円盤をつくり，X線を放射する場合があります。どのようにして，ブラックホールと中性子星を区別するのでしょうか？

　連星をなすブラックホールと連星をなす中性子星では，放出される光がことなります。連星をなすブラッ

クホールの場合は，周囲の円盤から光が出ますが，ブラックホールからは光が出ません。一方，連星をなす中性子星の場合は，周囲の円盤からも，中性子星自体からも光が出ます。そのため，<u>光の成分（スペクトル）を比較することで，ブラックホールと中性子星を区別することができます。</u>

伴星の光から，ブラックホールをさぐる

連星をなす相手が中性子星とブラックホールでは，放出される光がことなります。ブラックホール自身は光を出さないため，周囲の円盤の光の成分を調べればよいのです。

中性子星か？
ブラックホールか？

最も確実な方法は，
天体の質量をはかること

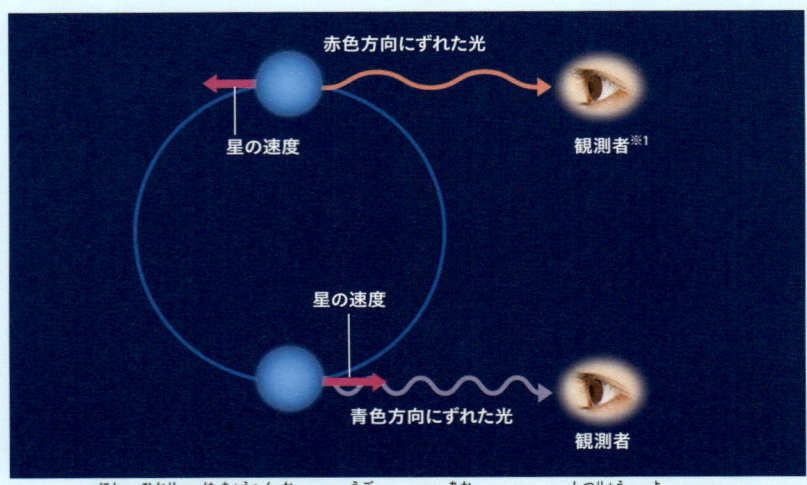

赤色方向にずれた光

星の速度

観測者※1

星の速度

青色方向にずれた光

観測者

1.星の光の波長変化から動きを，明るさから質量を読みとる

恒星が速く公転しているとき，観測される色の波長が赤色方向にずれたり，青色方向にずれたりすることが知られています（光のドップラー効果）。ふたたび同じ色になるまでの期間をはかることで，「公転にかかる期間（公転周期）」がわかります。光が赤色方向にずれたときと，青色方向にずれたときの波長の変化の大きさから，伴星が公転する「速度」がわかります。また，星は明るい（絶対光度が大きい）ほど質量が大きくなります。そのため，明るさから「質量」を推定できます。

※1：ここでは，観測者は伴星の回転を真横から見ていると仮定している。
　　　なお連星の回転が観測者に対してどれくらい傾いているかは，連星の
　　　重なりぐあいなどからある程度推定できる。

最も確実な証拠となるのは「質量」です。中性子星の質量は，太陽質量の3倍以下に限られます。つまり，**もし発見されたX線天体が太陽の3倍以上の質量をもっているなら，その星はブラックホール以外には考えられないことになります。**

それでは，どうやってX線天体の質量をはかるのでしょうか？ それには，伴星からの光を調べればよいのです。まず，伴星の光の明るさや波長の変化から「伴星の質量や軌道運動」がわかります（**1**）。これらの値を，万有引力の法則を基礎とする天体力学の式にあてはめて計算することで，相手のX線天体の質量を推定できるのです（**2**）。

これまでに発見されたブラックホール候補天体の多くは，これらの条件から確かめられました。「はくちょう座X-1」も，最低でも太陽の10倍の質量をもつことがわかったため，ブラックホールと考えられるようになりました。

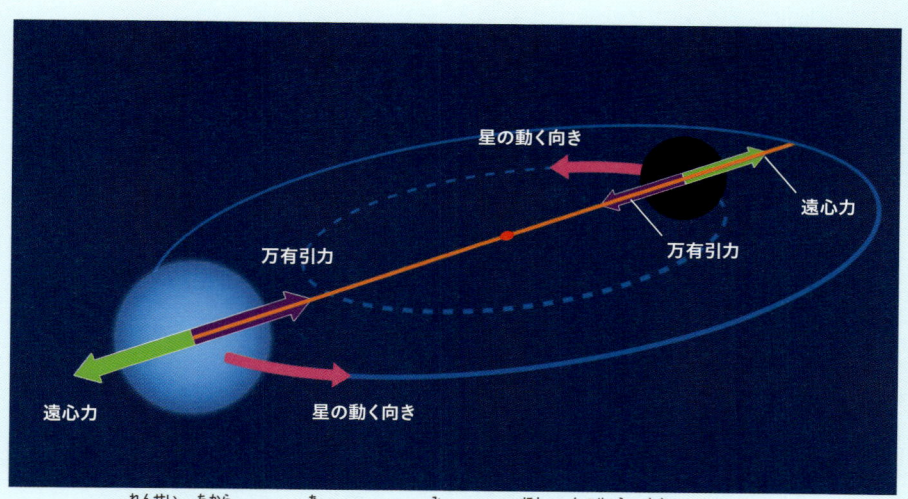

星の動く向き

遠心力

万有引力　　　　　　　万有引力

星の動く向き

遠心力

2. 連星の力のつり合いから，見えない星の質量を求める

二つの星は，同じ重心のまわりを公転しています[2]。このとき，二つの星それぞれには，二つの星がたがいに引きつけ合う「万有引力」と，円運動による外向きの「遠心力」がはたらき，両者がつり合っています。万有引力は，二つの星の質量をかけ算した値に比例して強くなり，二つの星の距離の2乗に反比例して弱くなります。また遠心力は，二つの星の距離に比例して強くなり，公転周期の2乗に反比例して弱くなります。これらのことから，**1**で伴星の運動（質量，速度，公転周期）がわかれば，見えない星の位置や質量を計算することができます。

※2：ここでは，連星の軌道は円軌道であると仮定している。楕円軌道をえがく場合でも，万有引力や遠心力の関係を利用する点では同じである。

ブラックホールの
もう一つの条件は「サイズ」

非常に質量の大きな天体であっても，十分に小さなサイズでなければ，ブラックホールだとはいえません。天体が十分にコンパクトであることを確かめるにはどうすればよいのでしょうか？

　天体のサイズは，観測される「明るさ（光度）の変動」から見積もることができます。仮に，全体が光っているガス雲が一瞬で消え去るという極端な例を考えましょう（右のイラスト）。

　たとえ一瞬で消え去っても，ガス雲の中で観測衛星に近い側から最後に放たれた光と，衛星から遠い側から最後に放たれた光では，衛星に届くまでにかかる時間に差があります。これが，明るさ変動の時間幅として観測されます。

　その明るさ変動の時間幅は，観測衛星から遠い側の光が，衛星に近い側まで到達する時間，つまり「天体のサイズ÷光速」となります。これは，観測されうる明るさ変動の時間幅の「最小値」だといえます。つまり「天体のサイズ÷光速≦明るさ変動の時間幅」です。**このことから，天体のサイズの上限が，明るさ変動の時間幅から推定できるといえるのです。**

　はくちょう座X-1の場合，X線観測から，数ミリ秒という短い時間で明るさがはげしく変動していることがわかりました。この時間幅に光速をかけ算すると，はくちょう座X-1のサイズの上限は数百キロメートルだと推定できます。**太陽のサイズ（約140万キロメートル）とくらべてはるかに小さく，太陽の約9倍の質量をもつとされるはくちょう座X-1は，きわめて高密度，つまりブラックホールだと結論づけられたのです。**

天体のあらゆる場所から出る光が，同時に消えたり明るくなったりすることは
まずありえません。そのため，「天体のサイズ÷光速≦明るさ変動の時間幅」に
なります。この式を変形すれば「天体のサイズ≦明るさ変動の時間幅×光速」
となります。

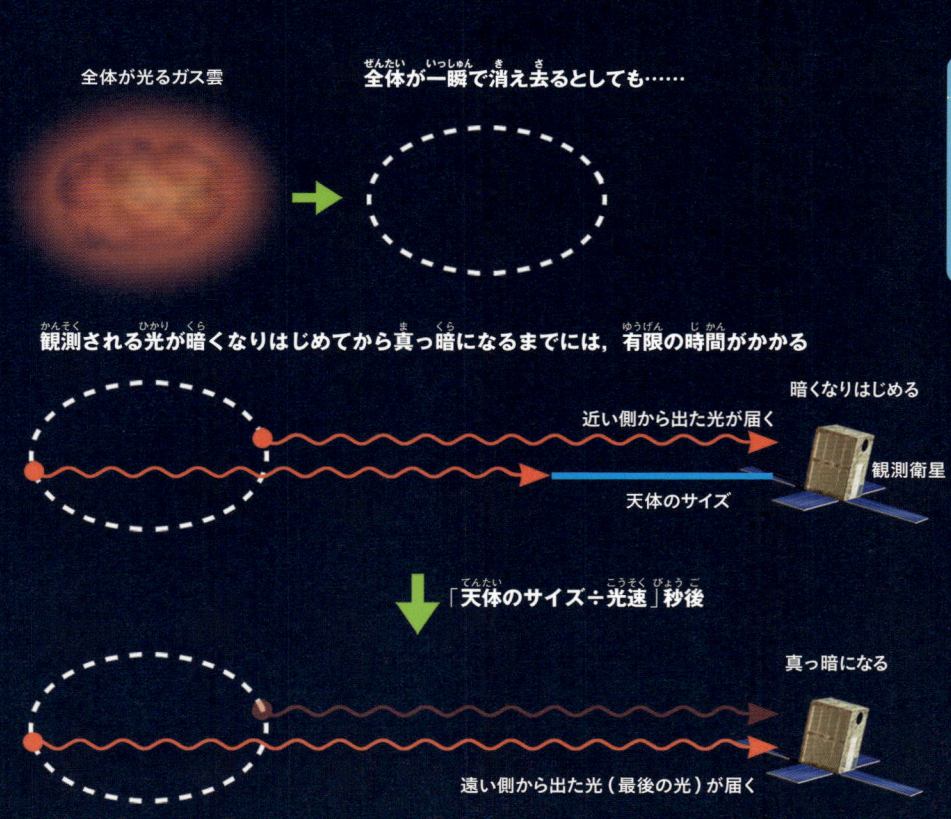

全体が光るガス雲

全体が一瞬で消え去るとしても……

3 恒星から生まれるブラックホール

観測される光が暗くなりはじめてから真っ暗になるまでには，有限の時間がかかる

暗くなりはじめる

近い側から出た光が届く

天体のサイズ

観測衛星

「**天体のサイズ÷光速**」秒後

真っ暗になる

遠い側から出た光（最後の光）が届く

どれくらい圧縮すると ブラックホールになる？

ブラックホールは重ければ重いほどその半径が大きくなります。ブラックホールの半径とは，最も単純なタイプのブラックホールの場合，光がそれ以上近づくと脱出できなくなる球状の領域の半径のことです（シュバルツシルト半径）。

たとえば，太陽の10倍の質量をもつ典型的なブラックホールの半径は，約30キロメートルになります。30キロメートルというと，およそ東京駅から横浜駅までに相当する距離です。

ところで，**質量が比較的小さなものでも，無理矢理に押し縮めることさえできれば，原理的にはブラックホールをつくることができます**。たとえば太陽（約2×10^{30}キログラム）をブラックホールにできたとしたら，その半径は3キロメートル程度になります。

太陽がブラックホールになったというと，地球は吸いこまれないかと心配になってしまうかもしれません。しかし，今この瞬間に太陽がブラックホールになったとしても，地球の運動はまったく影響を受けません。ブラックホールが何でも吸いこんでしまうというのは，ほんとうにそばまで行った場合の話です。遠方では普通の星の重力的な作用と変わりはないのです。

では，次に地球（質量は太陽のおよそ30万分の1）をブラックホールにした場合を考えましょう。その場合，半径はわずか9ミリメートルほどになります。半径9ミリメートルというと，1円玉より少し小さいくらいの大きさです。

さらに，体重60キログラムの人がブラックホールになったとしましょう。すると，その半径は9×10^{-23}ミリメートルという，原子よりもはるかに小さいブラックホールとなります。**このように，原理的には何でもブラックホールにすることができますが，太陽や地球などがそこまで圧縮される自然現象は，現在のところ知られていません。**

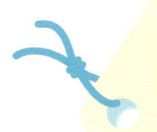

太陽の10倍の質量をブラックホールにすると…

イラストは典型的なブラックホールとして，太陽の10倍の質量をもつブラックホールをえがいています。すべての質量は中心の1点に集中しています。また，ブラックホールの半径（光が脱出できない領域の半径）は，約30キロメートルとなります。

ブラックホールとなる領域の
半径（太陽10個分の質量の
場合には約30キロメートル）

特異点

天体など （かっこ内は実際の半径）	質量	シュバルツシルト半径 （ブラックホールになる大きさ）
超大質量ブラックホール	太陽の10億倍とする	30億km
恒星質量ブラックホール	太陽の10倍とする	30km
太陽（約70万km）	2×10^{30}kg	3km
白色矮星（1000km程度）	太陽と同程度	約3km
中性子星（10km程度）	太陽の1.4倍程度	約4.2km
地球（6371km）	6×10^{24}kg	9mm
成人	60kgとする	9×10^{-23}mm

4

銀河の中心にある 超大質量のブラックホール

ここからは銀河の中心に存在する，超大質量ブラックホールにスポットを当てていきましょう。その質量たるや太陽の何億倍といった，想像を絶する重さです。私たちの住む天の川銀河の中心にも超大質量ブラックホールが存在しています。そしてなんと，人類はその姿を直接とらえることに成功したのです。

宇宙にはもっと重いブラックホールが存在している

小さなブラックホールと巨大なブラックホール

恒星が進化の最後に超新星爆発をおこしたあと，太陽の10倍程度の質量のブラックホールができます（右ページのイラスト）。一方で，ほとんどの銀河の中心にはブラックホールがあると考えられています（左ページのイラスト）。このようなブラックホールは太陽の100万〜数十億倍もの質量がありますが，ほかの銀河は非常に遠方にあるので，その観測は困難でした。私たちの天の川銀河の中心も，濃いガスやちりにさえぎられて，謎のベールに包まれていました。

3章でもみたように，大質量の恒星は，その一生の最期にブラックホールを残します。こうしたブラックホールは，太陽の数倍から数十倍の質量をもつ典型的なブラックホールです。

しかし，宇宙にはもっと重いブラックホールも存在しています。**それらは銀河の中心にあり，なんと太陽の100万〜数十億倍の質量があるらしいのです。これらは「銀河中心ブラックホール」や「超大質量（超巨大）ブラックホール」などとよばれています。**

宇宙には1000億以上もの銀河があると考えられています。銀河の形はさまざまで，球状や楕円状，渦巻き状，不規則形状のものがあります。私たちの天の川銀河は中心に棒状の構造をもつ渦巻き状で，「棒渦巻銀河」とよばれます。こうした銀河のほとんどに，超大質量ブラックホールがあるといわれています。

きっかけとなった天体「クェーサー」の発見

恒星質量のブラックホールは1930年代から理論的に考えられていましたが，銀河中心にブラックホールがあることが示唆されるようになったのは，1960年代に入ってからのことです。オランダの天文学者マーティン・シュミット（1929〜2022）による「クェーサー」の発見がきっかけでした。

当時，電波天文学の進展によって夜空の電波源が網羅的に調べられていました。それらの中に，光学望遠鏡で見ると恒星のように点状にしか見えない一方，恒星とはほど遠い奇妙な光の特徴を示す，謎の電波源がみつかっていました。

「3C 273」とよばれる天体もそのような電波源の一つです。シュミット博士は3C 273の光の成分（スペクトル）を調べ，この天体が高速で遠ざかっていることに気がつきました。宇宙は膨張しており，遠くのものほど速く遠ざかるように見えます。3C 273は，およそ20億光年という非常に遠方にあるということが突き止められたのです。

それほど遠くにありながら，3C 273は，まわりの星々と大差なく明るく輝いて見えます。放出するエネルギーを見積もると，なんと銀河100個分以上のエネルギーを放出していることになります。一方，エネルギーを放出する領域の大きさは，銀河の大きさの1万分の1以下しかないのです。

こうしたきわめて遠方で強烈に輝く点状の天体は，「準恒星状電波源（quasi-stellar radio source）」という言葉を略し，クェーサーとよばれるようになりました。クェーサーは宇宙でも群を抜いて特異な天体といえるでしょう。

その後の研究と観測の結果，クェーサーは銀河の中にあることがわかり，現在では，中心部が明るく輝くさまざまなタイプの活動銀河の一種とみなされています。活動性の低いものも合わせると，銀河の半数が活動銀河であると考えられています。

膨大なエネルギーを放出するクェーサー

イラストは，遠方にあって膨大なエネルギーを放出しているクェーサーをえがいたものです。クェーサーの中には，私たちの天の川銀河にくらべて1000倍以上明るく輝いているものもあります。クェーサーが発見された当時は，これほどのエネルギーを放出する天体を説明できる理論がなく，正体が不明でした。

銀河中心部にあるブラックホール"エンジン"

拡大

ガストーラス
電離していない中性のガスやちりでできた円盤。外側ほど厚くなっています。

右の図は，現在考えられている活動銀河の構造です。中心部の超大質量ブラックホールの周囲では，高温の降着円盤が回転しながら落ちこみ，降着円盤のガスが摩擦によって超高温になり，はげしく輝きます。

降着円盤が輝く原理は，水力発電と似ています。水力発電の場合は，重力落下のエネルギーが電気エネルギーに変換されています。ブラックホールは，重力落下のエネルギーが，摩擦によって熱エネルギーにかわり，最終的に光エネルギーに転換されるのです。観測で確かめられてはいませんが，降着円盤の外側には，「ガストーラス」という，ガスやちりでできたドーナツ状の円盤があると考えられています。

活動銀河は，その中心部に超大質量ブラックホールがあると考えると説明がつきます。しかし，ほかの銀河までの距離は非常に遠く，銀河の中心部も厚いちりにおおい隠されているため，その中心部を詳細に観測するのは非常に困難でした。そのため，銀河中心に超大質量ブラックホールが存在することを確かめるには，観測技術の発達を待つ必要がありました。

ジェットの長さは100万光年におよぶこともあります。

ジェット

2. 中性ガスの円盤

ブラックホール

拡大

3. 活動銀河核の本体

ジェット
高温プラズマの高速の流れ。ジェットのくわしい構造は不明ですが、らせんをえがきながら物質が噴出していると考えられています。

超大質量ブラックホール
標準的なクェーサーの場合、半径は30億キロメートル程度になります。

空隙
降着円盤とブラックホールの間には空隙があります。空隙は、物質がブラックホールの重力によって、あっという間にブラックホールに吸いこまれるためにできます。

降着円盤
高温のプラズマ（電子とイオンに分かれたガス）の渦。中心へ行くほど高温になります。イラストでは降着円盤をコンパクトにえがいていますが、実際はブラックホールの1000倍程度の大きさまで広がっています。

電波観測で
とらえた確かな証拠

銀河中心のせまい領域に，大きな質量があることがわかれば，ブラックホールの可能性が高くなります。1984年，ドイツの電波望遠鏡が地球から2300万光年の距離にある渦巻銀河「M106（NGC4258）」が，その中心から非常に強い電波を出していることを観測しました。

その後，日本やアメリカの電波望遠鏡を用いてM106の詳細な観測が行われ，中心付近に5円玉を薄くしたような形状の降着円盤が発見されました。そして，ガス円盤をくわしく調べると，中心の穴は半径がおよそ0.4光年，ガス円盤は時速390万キロメートルという猛烈なスピードで回転していることが判明しました。研究の結果，この銀河の中心の0.3光年の領域には，太陽の3900万倍もの質量がなくてはならないことがわかりました。

このようなせまい領域に，太陽の3900万倍の恒星，あるいは星団を押しこめることは不可能です。

つまり，ブラックホール以外には考えられません。こうして1995年，銀河中心の超大質量ブラックホールの確かな証拠がはじめて発見されたのです。

1990年に打ち上げられた「ハッブル宇宙望遠鏡」は，大気に邪魔されずに観測できるので，高精細な画像を得ることができます。それにより，ブラックホール候補の天体に関係する詳細な画像もとらえられるようになりました。ハッブル宇宙望遠鏡には，天体やガスの視線方向の速度を計測できる装置が搭載されています。これを使って銀河中心部の質量の測定も行いました。そして1994年，「M87」とよばれる楕円銀河の中心部で高速回転するガスの質量が求められ，M87の中心部60光年の領域には，太陽の24億倍の質量があることがわかりました[※]。これも超大質量ブラックホールの有力な証拠の一つとされ，銀河と超大質量ブラックホールの密接な関連性が明らかになっていくのです。

※：その後のEHT（104ページ）の観測により，現在のM87の中心部の質量は太陽の約65億倍と推定されている。

M106（NGC4258）

4
銀河の中心にある超大
質量のブラックホール

ハッブル宇宙望遠鏡などが観測した「M106」

上の画像はハッブル宇宙望遠鏡とチャンドラX線観測衛星，スピッツァー宇宙望遠鏡，アメリカのカール・ジャンスキー超大型干渉電波望遠鏡群の観測結果を合成してつくられたものです。中心から出たジェット（紫色）が周辺をただようガスにぶつかった結果，ガスが数百万℃の高温に熱せられてX線（青色）を放っていることがわかります。なお赤外線（赤色）は，星の形成をうながすような，銀河の中の温かいちりから放たれています。

銀河中心星団が重いほどブラックホールも重い

バルジの質量と中心のブラックホールの質量の関係

ブラックホールの質量

- 太陽の10億倍
- 太陽の100万倍
- 存在しない

バルジの質量　小 ←→ 大

ハッブル宇宙望遠鏡の観測データから、銀河のバルジと中心のブラックホールの質量に相関関係があることがわかりました。

天の川銀河のような渦巻銀河などでは，中心部分がふくらんでいます。このふくらみは「バルジ」とよばれ，非常に明るく輝く星の大集団です。また楕円銀河は，ほとんどがバルジ成分でできている銀河だといえます。

このバルジが大きいほど，中心にある巨大ブラックホールの質量も大きいことがわかってきました。 ブラックホールの質量は，母銀河のバルジの質量のおよそ1000分の1であり，ブラックホールの質量が変わっても，この関係は大きく変わらないのです。

ほとんどの銀河中心に巨大ブラックホールがあること，さらにバルジと巨大ブラックホールの質量の間に強い相関関係があること，この二つの観測事実は，銀河中心の巨大ブラックホール形成の研究を進めるための手がかりとなりました。**巨大ブラックホールは，銀河の形成と密接に関わりながら進化してきたのです。**

ブラックホールが
星の形成をさまたげる？

アウトフロー
（ジェットよりも広い範囲に噴きだす）

なぜ銀河のバルジの質量と，その中心部に居座る超大質量ブラックホールの質量の比率が，およそ1000対1と決まっているのでしょうか。いくら超大質量とはいえ，銀河やバルジにくらべると，ブラックホールは何けたも小さなサイズです。ブラックホールが太りつづけて，バルジの質量の1000分の1をこえることはできないのでしょうか。

　一説によると，まずバルジを構成する星の光が内部のガスに抵抗をあたえることで，バルジの1000分の1の質量分のガスが中心部に落ちていくといいます。そして，ガス雲の中でブラックホールが合体し，ガスを吸いこんでバルジの1000分の1の質量にまで太るとされています。また，ブラックホールの成長にともないジェットなどの噴きだしが強くなることで，ブラックホールに落ちてくるガスの量が抑制され，成長が1000分の1で頭打ちになるとの説もあります。

　ジェットなどの噴きだしが，銀河やブラックホールの形成におよぼす効果を「AGN（活動銀河核）フィードバック」といいます。このフィードバックの詳細は，まだよくわかっていませんが，噴きだしはブラックホールへのガスの落ちこみを抑制するだけでなく，その強い放射によって銀河のガスを温め，ガスの収縮による星形成を抑制するといわれてきました。一方で，噴きだしによってまわりのガスが圧縮されることで，星形成が促進されるという可能性も指摘されており，結論は出ていません。

ジェット

<ruby>標準<rt>ひょうじゅん</rt></ruby><ruby>円盤<rt>えんばん</rt></ruby>

<ruby>高温降着流<rt>こうおんこうちゃくりゅう</rt></ruby>

<ruby>降着円盤<rt>こうちゃくえんばん</rt></ruby>
（<ruby>高温降着流<rt>こうおんこうちゃくりゅう</rt></ruby>＋<ruby>標準円盤<rt>ひょうじゅんえんばん</rt></ruby>）

ブラックホール

天の川銀河にも数百万個のブラックホールがある

星々の中に, ブラックホールが散らばっている

イラストは, 太陽系の周辺に存在しているブラックホール候補天体の位置をあらわしています。ブラックホール候補の天体では, はげしく変光したりジェットの噴出があったりなど, 普通の恒星ではみられない活動的な現象が観測されており, それらの活動性にブラックホールが関与していると考えられています。これら以外にも観測しにくいものも含めれば, ブラックホールは天の川銀河だけで数百万個あり, 星々の間をただよっていると考えられています。

太陽系の位置

イラスト中の●のうち, 天の川銀河の中心にあるのが超大質量ブラックホールです。それ以外のブラックホールは, 太陽の質量の 3 〜 10 倍程度の大きさで, 恒星質量ブラックホールです。

天の川銀河は，太陽を含む約2000億個もの恒星が集まった棒渦巻銀河です。中央がふくらんだ円盤状で，目玉焼きのような姿をしています。目玉焼きの黄身にあたる部分がバルジで，白身にあたる薄い円盤部分は腕のような構造をもっています。

　天の川銀河の直径は約10万光年にもおよびます。私たちの太陽系は，中心から約2万8000光年の距離にあり，天の川銀河内のほかの星々と同じように，ぐるぐると2億年程度かけて銀河内を周回していると考えられています。

　イラストでは，太陽系を中心に，天の川銀河の内部でブラックホールがあると考えられている場所を●で示しています。**これら以外の観測しにくいものも含めれば，ブラックホールは天の川銀河だけでも数百万個あり，星々の間をただよっていると考えられています。**

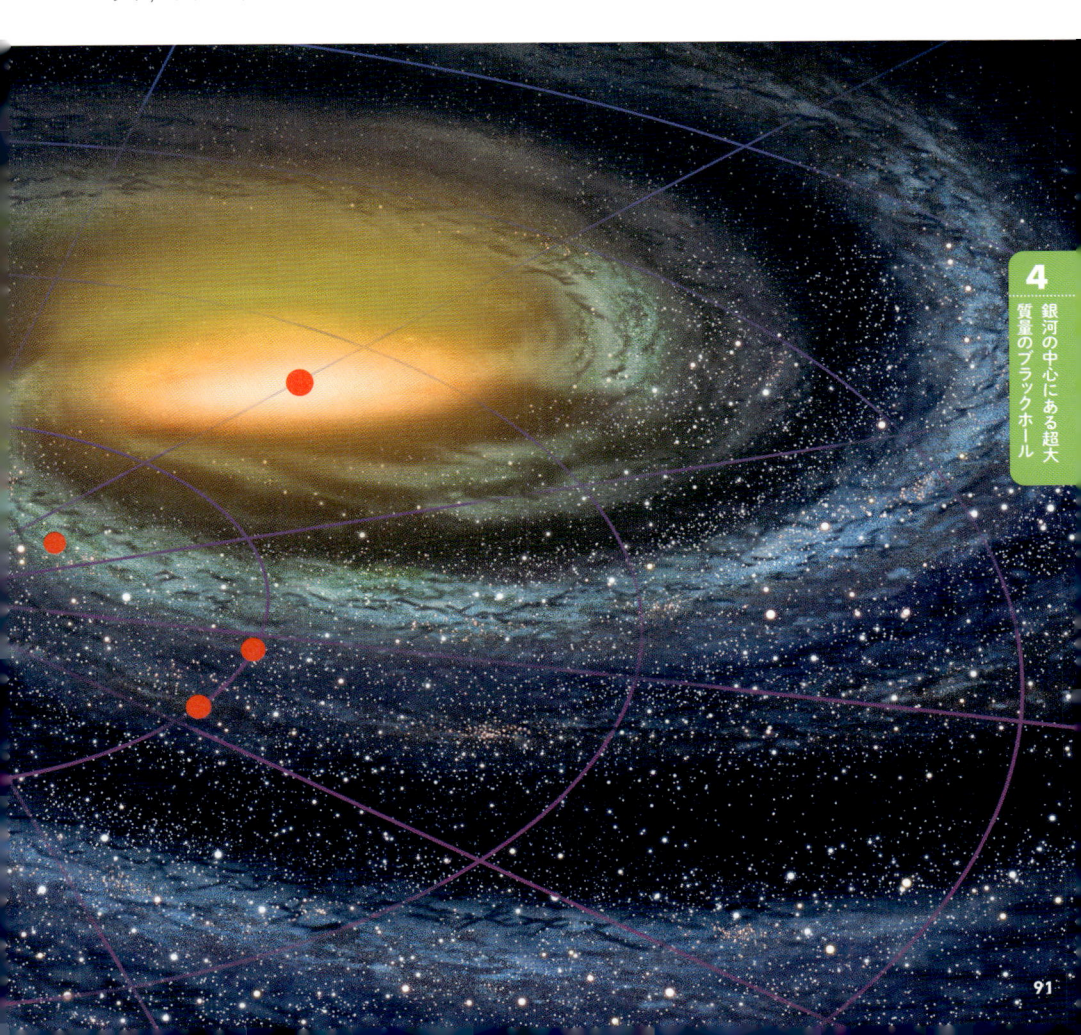

天の川銀河の中心に存在する天体「いて座A*（エースター）」とは

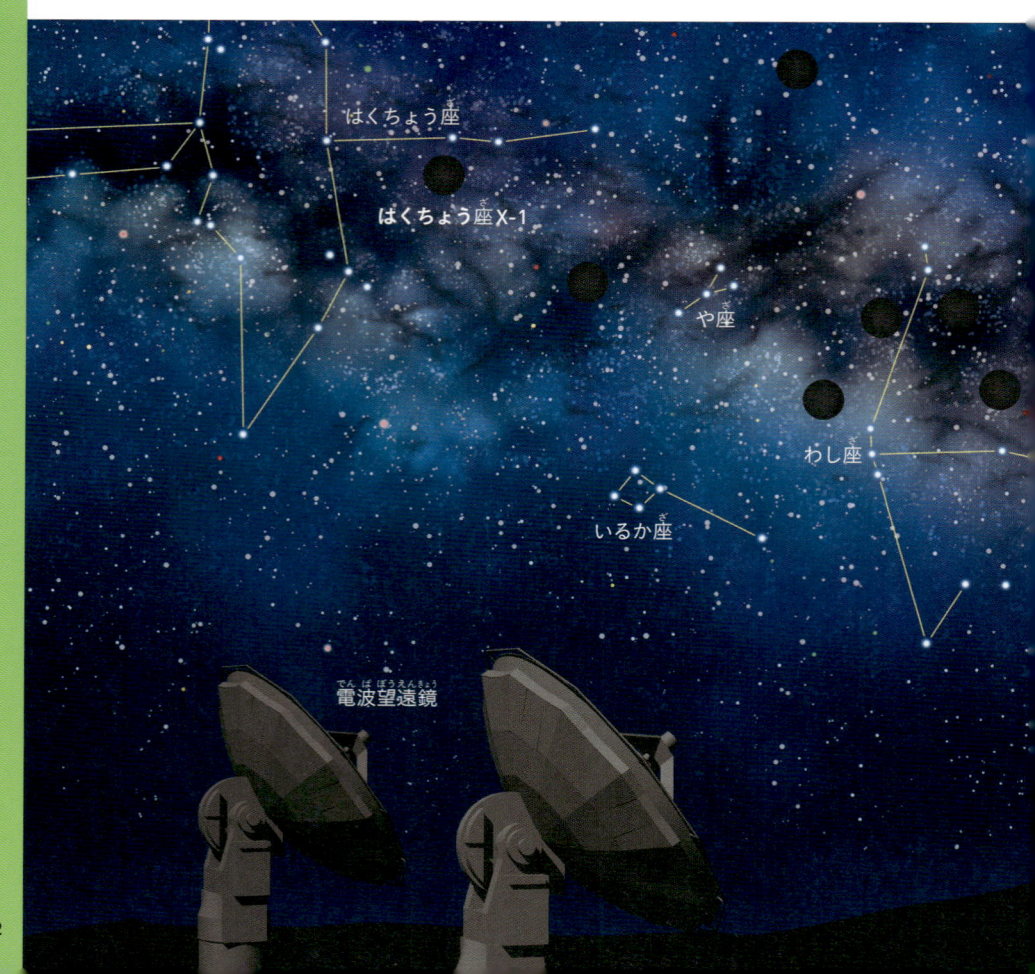

はくちょう座

はくちょう座X-1

や座

わし座

いるか座

電波望遠鏡

イラストは，夏の天の川の一部で，黒い球体は，ブラックホールだと考えられている天の川内の代表的な天体を示しています（大きさは誇張してあり，位置はおおよその場所です）。イラスト左上の「はくちょう座 X-1」は，太陽の 10 倍以上の質量をもつブラックホールだと考えられています（66 ページ）。一方，イラスト右下の天の川の中心部に位置する「いて座 A*」は，太陽の約 400 万倍にもおよぶ超大質量のブラックホールだと考えられています。

電波による天文学は，1931 年に，アメリカ・ベル研究所がはじめて宇宙からの電波を観測したことにはじまります。この電波こそ，天の川銀河中心核からの電波でした。つづいてアメリカでパラボラアンテナが開発され，天の川の電波地図がえがかれました。**そして，1944 年，いて座に電波の強いピーク「いて座 A」があることがみつけられたのです。その後，観測精度が向上し，1974 年にいて座 A の中でも星のように小さな電波源「いて座 A*」が発見されました。**

たて座

いて座 A*

いて座

中心核ではガス雲が
高速で回転している

天の川銀河の中心部に密集する星々

右下の画像は高密度に集まった天の川銀河中心部の星々のようすです。超大型望遠鏡（VLT）による近赤外線での撮影画像です。赤く輝く星々が集まっている領域が，強力なブラックホールであるいて座A*です。

ミニスパイラルのイメージ

て座は，夏の夜空で南の地平線の近くに見える黄道十二星座の一つです。そこに「いて座Ａウエスト」とよばれる領域があり，銀河の中心核であるいて座A*はその中にあります。

　いて座Ａウエストでは，秒速100キロメートル以上の速度でガスが回転しており，電波で観測すると，中心に向かってのびる3本の渦巻き状の構造が見えます。**この構造は「ミニスパイラル」とよばれ，天の川銀**河の中心核に落ちるイオン化されたガスの流れです。**右下の画像で赤い楕円状の部分が，いて座A* です。**

　1980年ごろから，中心部のガスや星々の運動から，銀河中心部の質量が求められるようになりました。やがて1990年代から，高解像度な近赤外線の観測で，中心部の星々の運動が個別にくわしく観測されるようになり，中心の超大質量ブラックホールの質量がより正確に推定されるようになりました。

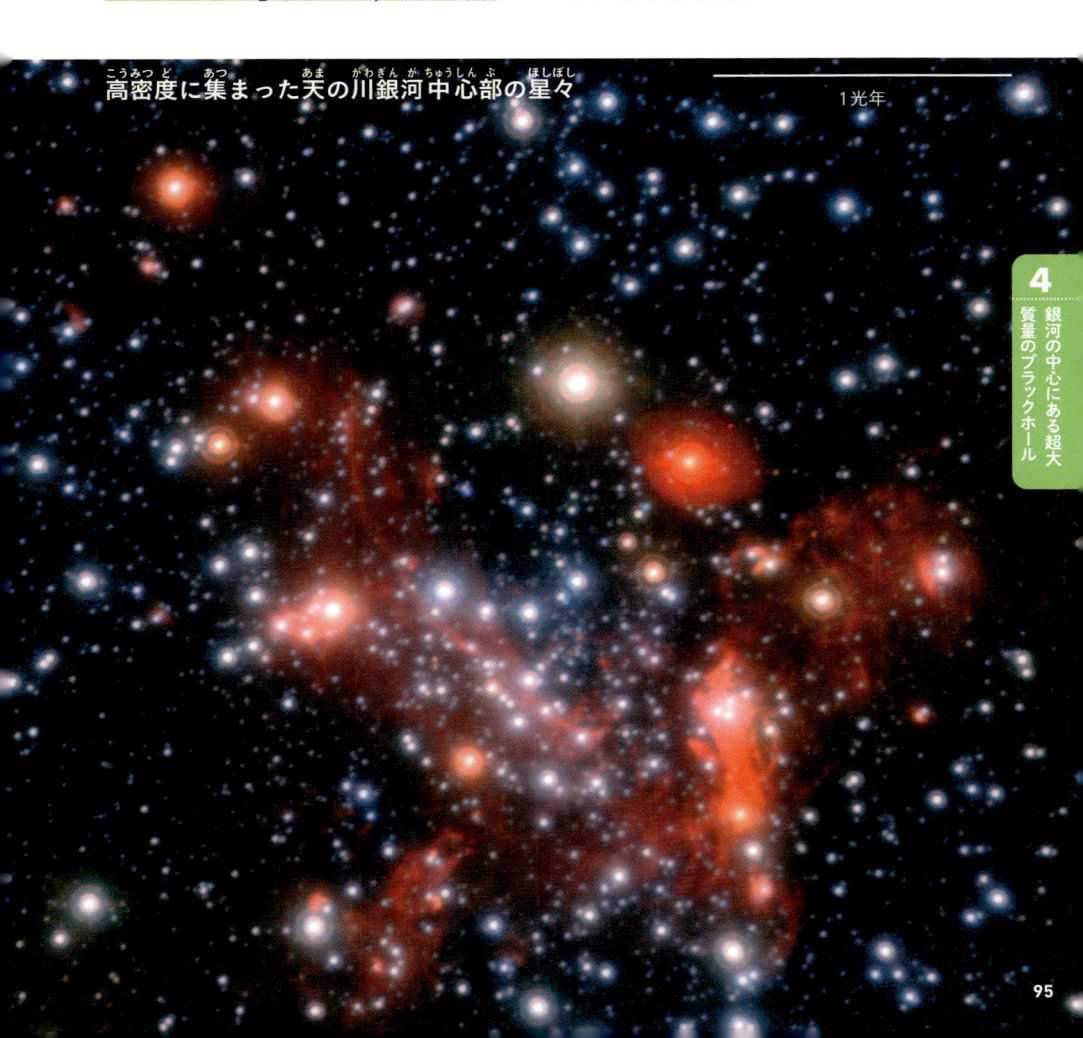

高密度に集まった天の川銀河中心部の星々

1光年

中心のブラックホールの質量は
太陽400万個分！

巨大ブラックホールのそばをかけ抜ける恒星

銀河系中心のブラックホールのまわりをまわる恒星の一つ，S2のイメージです。S2という星は，15年ほどの周期でブラックホールのまわりをまわっているようで，最接近時にはブラックホールから太陽と冥王星の距離の3倍ほどの場所を，秒速5000キロメートル以上でかけ抜けました。ちなみに地球の公転速度は秒速約30キロメートルです。

ブラックホールのそばを
かけ抜ける恒星（S2）

ドイツとアメリカの研究グループが1990年代から10年間にわたっていて座A*近くのS2とよばれる恒星の運動を調べたところ、ある1点を焦点にした周期約15年の楕円軌道をえがいていることがわかりました。この星が焦点に最も接近したときの距離は太陽と冥王星との距離の3倍ほどで、スピードは秒速5000キロメートル以上でした。

こうした星の運動は、焦点の位置に膨大な質量があることを示しています。星の軌道と運動から、その質量は太陽のおよそ400万倍であると見積もられています。

2004年の観測では、電波望遠鏡の分解能※の向上もあって、いて座A*の周囲に広がる輝く構造の範囲は、地球の軌道半径（約1億5000万キロメートル）と同じ程度までしぼられました。またブラックホール自体の大きさは、半径およそ1000万キロメートルと計算されています。

こうした結果から、この焦点にある天体はブラックホール以外は考えられないといいます。ただし、いて座A*の重力が天の川銀河全体に大きな影響をあたえることはありません。

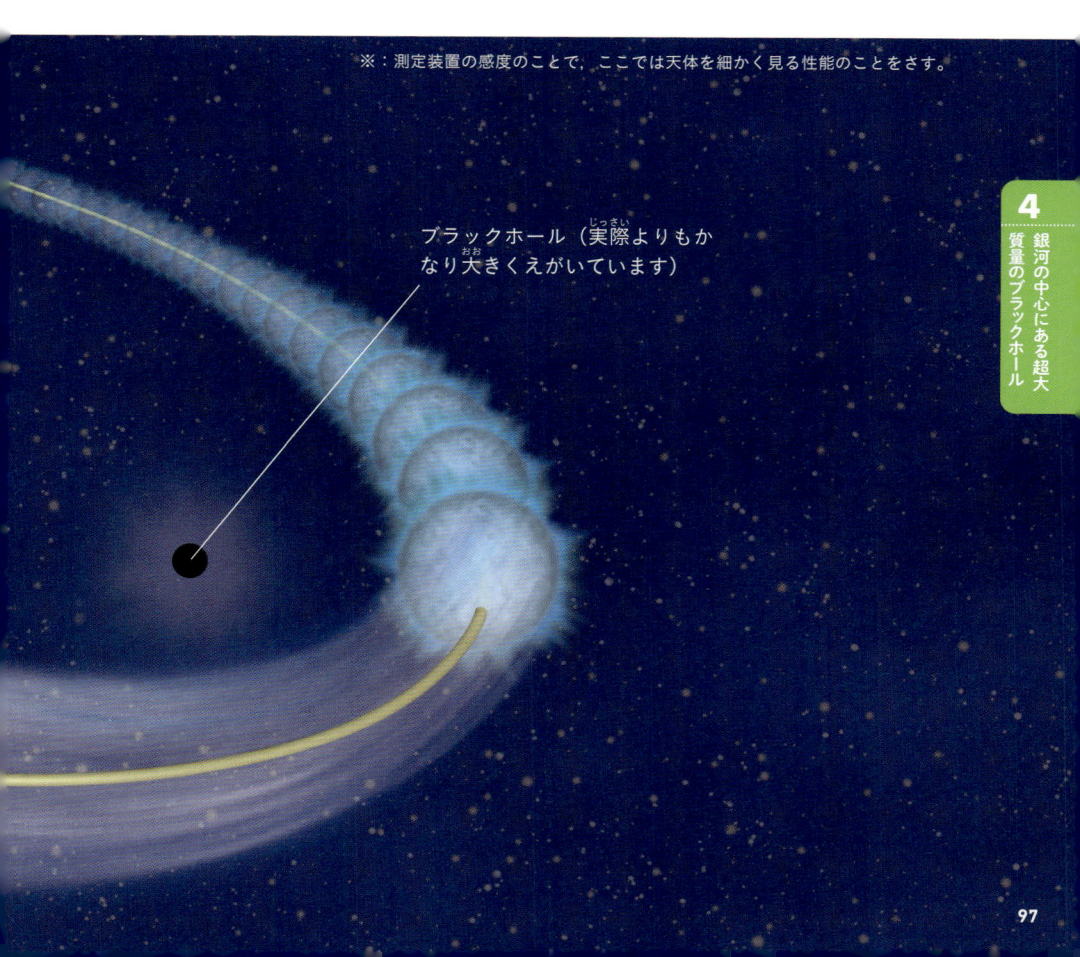

※：測定装置の感度のことで、ここでは天体を細かく見る性能のことをさす。

ブラックホール（実際よりもかなり大きくえがいています）

300年前のいて座A*は
もっと明るかった

天の川銀河中心の巨大ブラックホール「いて座A*」は, 太陽の約400万倍という重さのわりには, ブラックホール周辺から放出されているエネルギーが, ほかの銀河中心のブラックホールとくらべると非常に低いことが知られていました。X線で観測すると, とても暗くみえるのです。

しかし300年ほど前には, 現在よりもおよそ100万倍も明るかったという証拠がみつかっています。**日本の研究チームによって, いて座A*から約300光年はなれた巨大星雲「いて座B2」が, いて座A*から放たれたX線に照らされて輝いたことが明らかにされたのです。** この現象は「光のこだま」とよばれています。なお, 300年前といっても, 地球から天の川銀河の中心まではおよそ2万8000光年の距離があるので, 現在見ているいて座B2の光は約2万8000年前のものです。

300年前に天の川銀河の中心でいったい何があったのかはわかっていませんが, 過去にブラックホール周辺でおきた超新星爆発のガスがブラックホールに大量に落ちこんだことで, ブラックホールの活動が一時的に活発になったのではないかと推測されています。

ほかにも, いて座A*の爆発（フレア）現象はとらえられています。たとえば2013年9月14日には, 400倍のX線フレアが観測されました。右ページの画像がそのときのようすです。2014年10月にも200倍の明るさのX線フレアが観測されています。

こうした大きなX線フレア現象は, なぜおきるのでしょうか。**中心の超大質量ブラックホールの重力によって小天体が引き裂かれ, その残骸が飲みこまれる直前に高温になってX線を発したという説や, ブラックホール周辺の磁場のつなぎかえ（磁気リコネクション）によって, 太陽でもみられるようなX線の爆発的な放出がおきたとする説などが考えられています。**

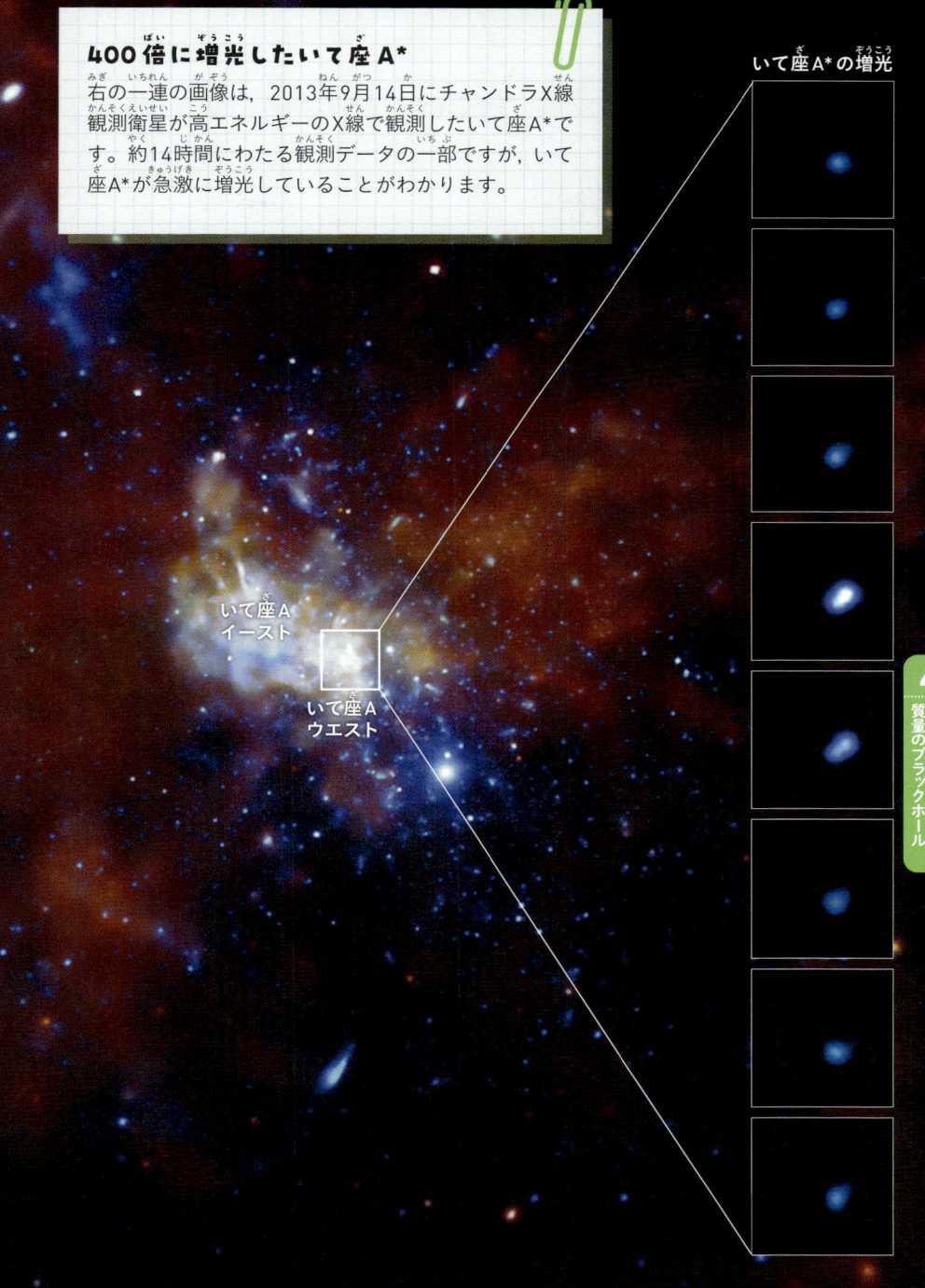

400倍に増光したいて座A*

右の一連の画像は，2013年9月14日にチャンドラX線観測衛星が高エネルギーのX線で観測したいて座A*です。約14時間にわたる観測データの一部ですが，いて座A*が急激に増光していることがわかります。

いて座A* の増光

いて座A
イースト

いて座A
ウエスト

"黒い穴"は,遠くからだと どう見えるのか

光さえも吸収してしまって見えないはずのブラックホールですが,その周囲には高温のガスからなる「降着円盤」があるため,光(電磁波)を放っています。**そのため,事象の地平面の存在が,降着円盤の輝きにおおわれた"黒い穴"として観測できると考えられています。**電磁波でこのブラックホールの"黒い穴"を直接見ようという試みが,国際プロジェクトとして動きだしました。

"黒い穴"の姿は,一般相対性理論を考慮した正確な計算にもとづくシミュレーションによって示されています(右上の画像)。このシミュレーション画像を見ると,降着円盤が,実際とはことなる不思議な形に見えていますが,これは,円盤の回転によるドップラー効果と,一般相対性理論による重力で光が曲がる効果が原因です(右下のイラスト参照)。

まず,円盤を横方向から見ると,円盤の片側半分が明るく見えてい

ます(1)。左側の降着円盤は,奥から手前に向かって回転しています。すると,こちら側に放たれた光の波長は,短くなります(ドップラー効果)。逆に右側は手前から奥に向かって回転しており,光の波長が長くなるとともにエネルギーが低くなって,その効果で暗くなるのです。

もう一つ,ブラックホールの奥側にある降着円盤が立ち上がって見えています(2)。これは,ブラックホールの強大な重力,すなわち時空の大きなゆがみによって,ブラックホールの向こう側からの光が曲がり,私たちのほうへ向かってくる効果によるものです。

このように,ブラックホールの降着円盤を遠方から見ると,ドップラー効果と一般相対性理論の重力で光が曲がる効果が重なって,中心付近の降着円盤が奇妙な形にゆがんで見えてしまうというわけです。

シミュレーションにもとづいたブラックホールの姿

（提供：苫小牧工業高等専門学校 高橋労太博士）

ガスのほとんどない領域

降着円盤

ブラックホール
（事象の地平面）

光速の半分の速度で自転するブラックホールを水平面から 10 度の角度で見下ろした場合の，相対性理論を考慮したシミュレーション画像。中央の黒い半円がブラックホールとそのすぐまわりのガスのほとんどない領域で，赤や黄色の部分が降着円盤です。

相対性理論を
考慮しない場合

降着円盤がゆがんで見える理由

1. 円盤の左右での明るさのちがい

降着円盤

光の波長が長くなる
（結果的に暗くなる）

回転方向

2. 立ち上がって
見える

光の波長が短くなる
（結果的に明るくなる）

2. 円盤の奥と手前の見え方のちがい

1. 半分が明るい

降着円盤の中心付近

光が曲がる
（立ち上がって見える）

光は曲がらない

"黒い穴"の観測方法
などあるのだろうか

降着円盤は，さまざまな波長の光（電磁波）を放ちます。ブラックホールのまわりにある降着円盤は強いX線を放つため，X線を観測するのがいちばんの近道です。しかし，X線は大気に吸収されやすいため，地上での観測は困難です。

そこで現実的な方法として考えられたのが，電波による観測です。"黒い穴"に近い部分は，X線だけでなく電波も放っているためです。電波は，分解能を高める干渉計の技術の利用が容易です。干渉計とは，複数の望遠鏡を連携させて，巨大な望遠鏡と同じ分解能を実現する技術です（右ページの図）。原理的には，連携させる望遠鏡どうしの距離をはなすほど，分解能を高めることが可能になります。

電波干渉計で"黒い穴"を見るには，電波の中でもサブミリ波を使うのが適しています。サブミリ波とは，波長0.1〜1ミリメートルほどの電波のことです。銀河の中心にあるブラックホールは質量が巨大な分，"黒い穴"も大きいので観測しやすいと期待されますが，銀河の中心領域は雲状のプラズマにおおわれているため，波長の長い電波だとプラズマを通過する間に散乱されてしまい，"黒い穴"の形が"ぼけて"しまいます。しかし，波長が短いサブミリ波なら，プラズマによる散乱の影響が小さいため，"黒い穴"の形を正確に観測できるというわけです。

地球から見た"黒い穴"の見かけのサイズは，M87の中心ブラックホールや天の川銀河中心の「いて座A*」が最大だと考えられています。それでも，ブラックホール本体（事象の地平面）の半径は，地球から見た角度の広がりで，せいぜい10マイクロ秒角（＝3億6000万分の1度）強です。正確には，穴の半径は25マイクロ秒角くらいになるとされます。これは，ヒトの視力でいうと，なんと200万〜300万以上でないと判別できないほどの小ささなのです。

"地球サイズの望遠鏡"でブラックホールを直接見る

天の川銀河の中心領域に見えるはずのブラックホール（いて座A*）

達成できる空間分解能に対応する電波望遠鏡の大きさ

電波望遠鏡

電波望遠鏡

「電波干渉計」のイメージ

電波干渉計では，複数の電波望遠鏡で同じ天体を同時に観測してそれぞれが得た波形データを重ね合わせる（干渉させる）ことで，一つの巨大な電波望遠鏡と同じ分解能を実現します。ブラックホールの直接観測では，天の川銀河の中心にあり"黒い穴"の見かけの角サイズが最大である，いて座A*が観測しやすいといいます。

宇宙の探査を深化させる EHTの全貌

ブラックホールの観測で欠かすことのできないのが，国際観測網です。それを推し進めているのが，2009年からはじまった国際観測プロジェクト「EHT（イベント・ホライズン・テレスコープ）」です。世界21の国と地域から80の研究機関が参加し，300人をこえる研究者が関わる一大プロジェクトです。

EHTはブラックホールの観測に特化しています。現在のところ，観測対象は地球を含む天の川銀河の中心にある「いて座A*」と，楕円銀河 M87の中心にある巨大ブラックホールです。

EHTは，いくつもの電波望遠鏡を組み合わせて"地球サイズの望遠鏡"をつくります ※。それらの電波望遠鏡が観測したデータをつなぎ合わせることで，はるか遠くにあるブラックホールを観測します。EHTの観測は，波長の短いサブ

ミリ波とVLBI（超長基線電波干渉計）を用いて行います。ことなる2か所の電波望遠鏡で天体からの電波を受信し，その信号を組み合わせると，前ページのような仮想的な巨大望遠鏡となります。この作業をさまざまな望遠鏡のペアについて行うことで，口径が地球の直径に達するほどの望遠鏡で観測するのと同程度の，きわめて解像度の高い電波画像が得られるのです。

日本も，EHTでは観測装置の開発や解析ソフトウェアの開発などに大きな貢献をしています。また，東アジア VLBI ネットワークを構築し，EHTと共同で研究することで，多波長観測からのブラックホール研究を進めると同時に，東アジア地域の研究者で協力して，ブラックホール近傍からの噴出現象を理論的に説明する統一モデルの構築を目指しています。

※：いて座A* の観測時に関わったのは右のイラストで赤く示した八つの望遠鏡だが，2022年までに3か所が新たに加わって，11か所になっている。

EHT観測網

キットピーク12m望遠鏡
（アメリカ・アリゾナ）

サブミリ波望遠鏡
（アメリカ・アリゾナ）

ジェームズ・クラーク・
マクスウェル望遠鏡
（アメリカ・ハワイ）

グリーンランド望遠鏡（デンマーク）

IRAM NOEMA 観測所
（フランス）

IRAM 30m望遠鏡
（スペイン）

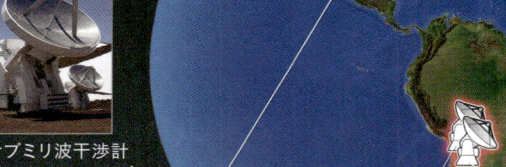

サブミリ波干渉計
（アメリカ・ハワイ）

APEX（チリ）

大型ミリ波
望遠鏡
（メキシコ）

アルマ望遠鏡
（チリ）

南極点望遠鏡（南極）

アルマ望遠鏡は，アンデス山脈の標高約5000mのアタカマ砂漠に多くの電波望遠鏡を設置し，それらを一つの電波望遠鏡として活用することができます。

ついにブラックホールの
直接観測に成功した

明るいリングと"黒い穴"が観測された

ＥＨＴによって撮影されたブラックホールの画像に写されているのは，「光子リング」とその内側の"黒い穴"です。この"黒い穴"の部分にブラックホールがあります。光子リングは実際には球殻状になっていると考えられていますが，ここでは省略しています。

降着円盤
ブラックホールの周囲をまわるガスの円盤。

光の進む向き

事象の地平面

光子リング

ブラックホール

注：M87*は「ジェット」とよばれる高速のガス流を噴出していますが，イラストでは省略しました。

20 19年4月，EHTはついにブラックホールの姿をとらえることに成功しました。M87に対して2017年に行われた観測のデータを解析し画像化した結果，浮かび上がった画像には，M87の中心に存在する超大質量ブラックホールM87*（M87スター）の「光子リング」と，その内側の"黒い穴"が写しだされていたのです。**この"黒い穴"が，人類がはじめて"見た"ブラックホールの姿でした（右下の画像）。**

ブラックホールの近くを通る光は，重力によって進路を曲げられ，ブラックホールの周囲をぐるぐると周回すると考えられています。これが光子リングです。その内側には，それ以上近づいたら光すら脱出できなくなる境界面があり，これが事象の地平面（イベント・ホライズン）です（左下のイラスト）。

2022年には，EHTがいて座A*の直接撮像にも成功したことが発表されました（次のページ参照）。

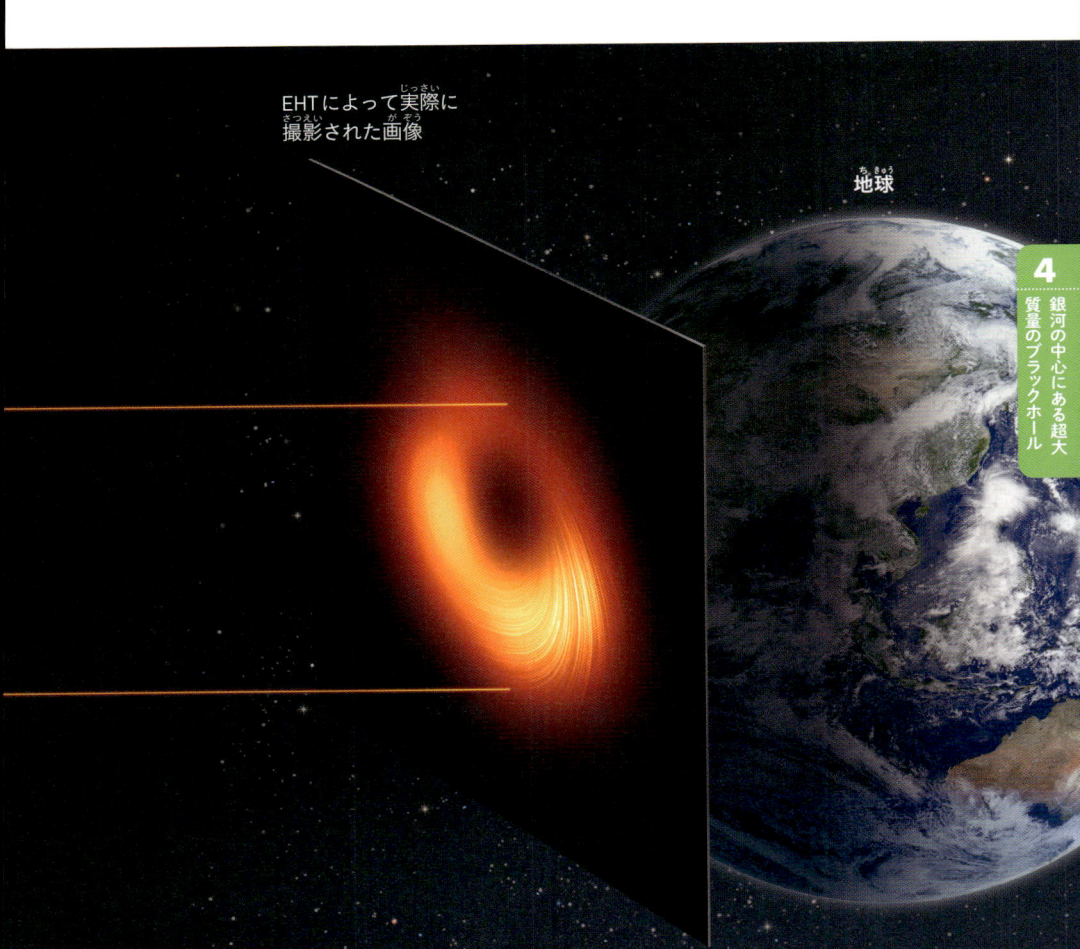

EHTによって実際に撮影された画像

地球

人類史上2例目！今度はいて座A*の撮影に成功

2022年5月12日午後10時07分（日本時間），EHTは天の川銀河の中心にある巨大ブラックホール，いて座A*の撮影にも成功したことを発表しました。人類が目にするブラックホールの画像はこれで史上2例目です。2017年4月に，世界に散らばる八つの望遠鏡で観測されました。

M87*のときと同様，オレンジ色の光は光子リングをあらわしています。そしてその真ん中の黒い部分の中に，巨大ブラックホールいて座A*があります。光子リングの逆光によってブラックホールの影（ブラックホールシャドウ）が浮かび上がっている状態を見ていることになります。今回，いて座A*の周辺で光子リングとブラックホールシャドウが確認されたことによって，いて座A*が超大質量ブラックホールであることがはじめて証明されたのです。

いて座A*は重さが太陽の約400万倍と，M87*にくらべてとても小さいものです。そのため，周辺のガスは数分単位でブラックホールの周囲を動きまわるため，ブラックホールの姿は数分単位で変化します。EHTでは，1回の観測に10時間ほどを要するため，これが原因で画像が大きくぶれてしまい，正しい画像を得るのがむずかしくなっていました。これを克服するため，EHTでは理論シミュレーションなども活用して，正しい形を得るための画像解析手法を開発しました。アメリカ，日本，カナダなどの研究者が中心となって開発した四つのソフトウェアを駆使して，作成した20万枚の画像の中から，より精度の高い約1万枚が選びだされ，さらに平均化されたのです。同時期に撮影されたM87*の画像公開から，発表までに約3年も遅れたのは，この解析に時間をかけていたためです。

EHTはM87*，いて座A*の観測を継続して行っており，記録されるデータ量もふえています。より短い波長での観測，画像解析や検証手法の高度化なども進み，さらに高画質で高解像度の画像取得にいどんでいます。

私たちの銀河の"主"が姿をあらわした

天の川銀河の中心に存在するいて座A*の画像。オレンジ色の光は「光子リング」で，その中心にある黒い影の部分がブラックホールシャドウです。ただし，色は便宜的につけられたものです。

美しく色づけされた
ブラックホールの降着円盤

　右の画像は，NASA（アメリカ航空宇宙局）が2019年9月26日に公開した，ブラックホールが実際にどう見えるかをシミュレーションした画像です。赤色や黄色に色づけられた光が，中心の黒い穴のまわりを取り囲むようすがひときわ目をひきます。ブラックホールの"見え方"が細かいところまできれいに示されています。

　"黒い穴"の周囲の赤や黄色の部分は降着円盤で，降着円盤の内側にある細い円は光子リングです。リングの内側の黒い空間がブラックホールシャドウです。ほんとうのブラックホールは，ブラックホールシャドウの5分の2程度の直径ですが，もちろん見ることはできません。

　実は，今回のシミュレーション画像の光子リングをよく見ると，リングが二つあることがわかります。外側の光子リングの光はブラックホールをおよそ半周まわってから脱出したもので，内側の光子リングの光は，1周以上まわってから脱出したものになります。

降着円盤を斜め上から見たときのブラックホール

ブラックホールの周囲には，降着円盤（外側）と光子リング（内側）が形成されます。降着円盤の左右で明るさがことなるのは，特殊相対性理論にもとづいた「光のドップラー効果」とよばれる現象で，降着円盤が反時計まわりに回転していることを意味しています（100ページ）。

降着円盤を真上から見れば，DVDディスクのように平面的にブラックホールのまわりに分布していますが，降着円盤を斜め上から見たときは，ブラックホールの強力な重力の影響で，上下に"コブ"のようなものが見えるのです。なお，EHTが撮影に成功したM87*の画像では，光子リングは写っていましたが，降着円盤は写っていません※。

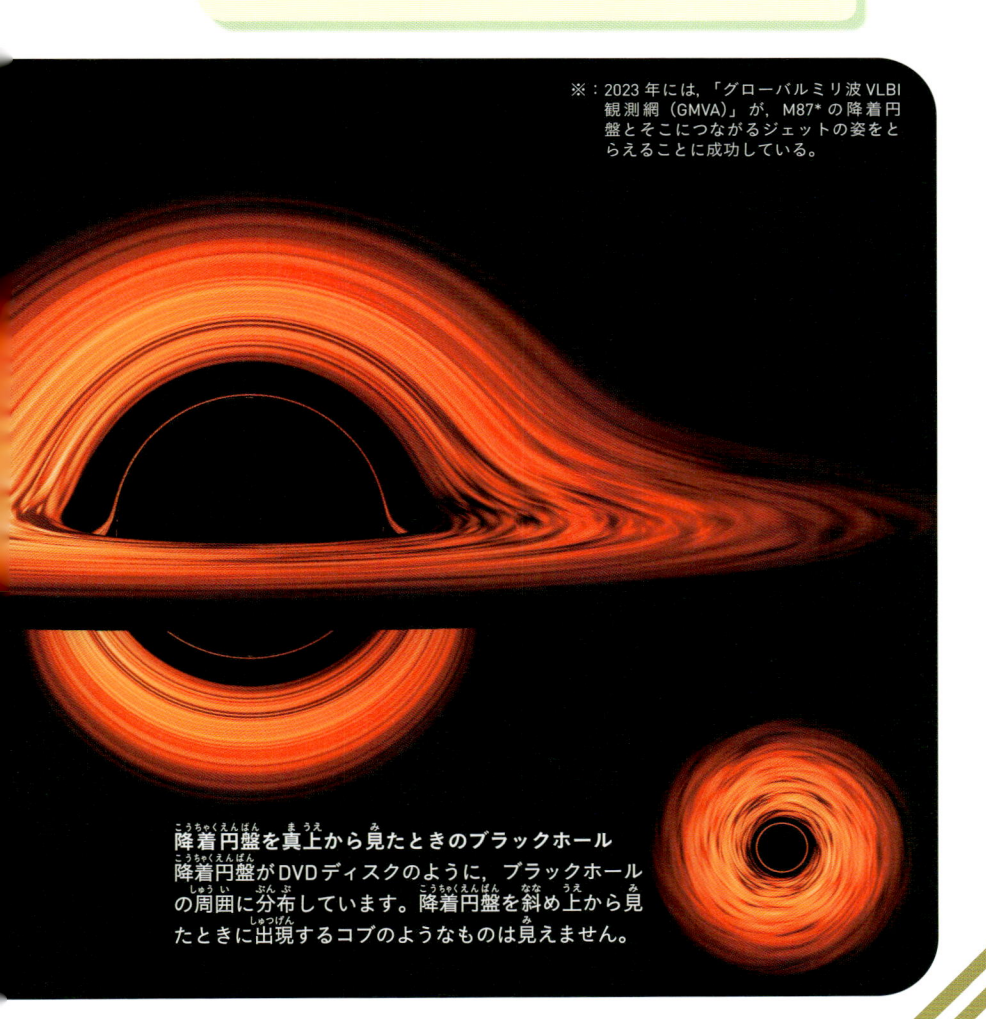

※：2023年には，「グローバルミリ波VLBI観測網（GMVA）」が，M87*の降着円盤とそこにつながるジェットの姿をとらえることに成功している。

降着円盤を真上から見たときのブラックホール
降着円盤がDVDディスクのように，ブラックホールの周囲に分布しています。降着円盤を斜め上から見たときに出現するコブのようなものは見えません。

5

まだまだある
ブラックホールの不思議

ここまで恒星質量ブラックホールや，超大質量ブラックホールの正体についてくわしくみてきました。しかし，超大質量ブラックホールがどうやって誕生したのかはまだわかっていません。しかし，解明の糸口となるかもしれない重力波の検出に成功するなど，人類は確実にその起源にもせまりつつあるのです。

宇宙誕生初期に超大質量ブラックホールが存在した？

宇宙誕生からわずか数億年後の宇宙に，超大質量ブラックホールができていた

現在みつかっている最遠方クェーサーは，赤方偏移7.642（宇宙誕生から6.7億年）の「J0313-1806」で，エリダヌス座の方向の131.3億光年先にあります。このクェーサーの超大質量ブラックホールの質量は太陽の約16億倍です。

3章でみたように，恒星質量ブラックホールの場合，大質量星が一生の最期におこす超新星爆発のあとにつくられることがわかっています。しかし，太陽の数十億倍もの質量がある超大質量ブラックホールを生みだすような，重い星ができる天文現象は知られていません。巨大ブラックホールの形成のシナリオは，星の一生だけでは説明できないのです。

光（電磁波）の速度は有限なので，遠くの宇宙を望遠鏡で観測するということは，過去の宇宙の姿を見ていることになります。**近年の観測により，超大質量ブラックホールは，宇宙誕生から7億年後にはすでに存在していたことがわかっています。**

138億年の宇宙の歴史からみれば非常に短い期間で，いったいどうやって，巨大なブラックホールができたのでしょうか？　これが初期の形成シナリオを考えるうえで大きな制約条件になっているといいます。

J0313-1806 の想像図

5

まだまだある
ブラックホールの不思議

115

超大質量ブラックホールの"種"とはどんなもの？ ①

そもそも，超大質量ブラックホールは，最初はどのようなブラックホールからはじまったのでしょうか？ 超大質量ブラックホールのもとになると考えられる"種ブラックホール"の候補は，二つに大別されるといいます。一つは，恒星の最期に残される恒星質量ブラックホールです※。

超大質量ブラックホールの種をつくることができる恒星の第一候補は，「初代星（第一世代の恒星，ファーストスター）」です。宇宙誕生から約3億年たったころには，初代星があったといいます。初代星は非常に巨大な恒星で，その質量は，太陽質量の数十倍〜100倍程度に達すると考えられています。うまくいけば1000倍程度の場合もありうるといいます。こうした重い初代星はすぐに寿命がつき，太陽の数〜100倍のブラックホールを形成します。

また，**星が高密度な星団として生まれた場合には，星どうしの合体によって大質量の星ができ，それが将来，超大質量ブラックホールに成長できる種ブラックホールをつくる，という可能性も提案されています。**あるシミュレーションによると，まず星団の中の重い星が中心に落ち，それらが合体してできた星から中間質量ブラックホールが生まれます。この中間質量ブラックホールは星団とともに銀河中心部に落下します。星団は潮汐力などで破壊され，星がバルジをつくります。一方でブラックホールは合体をくりかえし，超大質量ブラックホールができるというものです。

恒星から"種"ができた？

超大質量ブラックホールの"種"の候補の一つとして考えられているのが，宇宙で最初に誕生したファーストスターです。また，高密度な星団の中心部で，星が暴走的に合体し，つくられた超大質量星が重力崩壊して重いブラックホールができたのかもしれません。

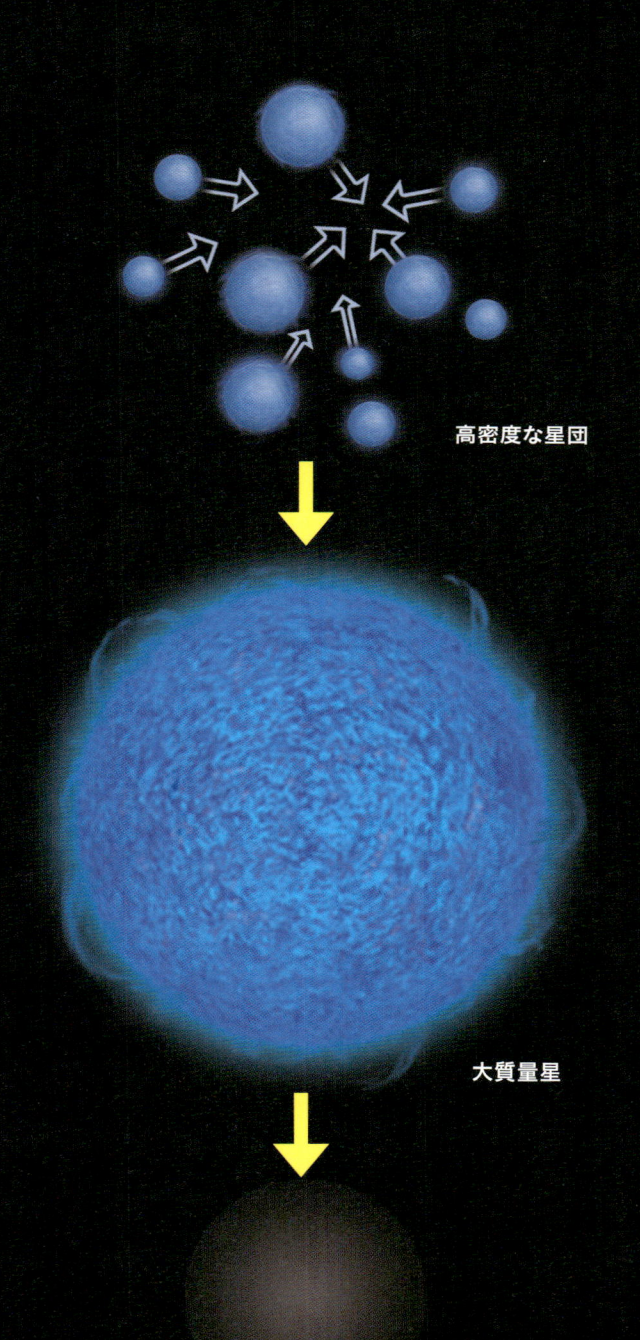

高密度な星団

大質量星

ブラックホール

※：3章などでは，恒星質量ブラックホールの質量を「太陽の数倍〜数十倍」と説明した。しかし
　ここでは，恒星質量ブラックホールを「星の死から生まれるブラックホール」と定義する。

超大質量ブラックホールの"種"とはどんなもの？ ②

超大質量ブラックホールの"種"のもう一つの候補は，巨大なガス雲が「直接崩壊」してつくられる，中間的な質量のブラックホールです。宇宙初期の特殊な条件を満たしたガス雲では，内部で成長したガス雲が凝縮して，太陽の1万〜100万倍もの「超大質量星」が生まれる可能性があるといいます。

この星は「星」とよばれているものの，普通の恒星のように核融合をおこす間もなく，すぐにつぶれてブラックホールになります。そしてみるみる周囲のガスを飲みこみ，一気に太陽の10万〜100万倍もの質量をもつブラックホールになると考えられています。2016年5月には，NASAの三つの宇宙望遠鏡「チャンドラ」「ハッブル」「スピッツァー」の観測データから，5億歳未満の初期宇宙に，ガス雲の直接崩壊で種ブラックホールがつくられた可能性のあることが発表されました。

この直接崩壊がおきるためには，ガス雲が早い段階で星をつくることなく，大量に凝縮される必要があります。そのしくみとしては，「輻射抵抗」や，紫外線によってガスが冷えにくくなる効果によるものなどが提案されています。輻射抵抗とは，光の中で動くものに生じる抵抗のことです。あるシミュレーションによると，まずガス雲内に円盤が形成され，そこで星が生まれます。星からの紫外線でイオン化したガスは，宇宙全体を満たす大量の「宇宙背景放射」から輻射抵抗を受け，回転の勢いを失って円盤の中心部に落ちこみ，超大質量星が形成されます。この星は宇宙年齢の10万分の1程度の時間で中間質量ブラックホールへと進化するといいます。

ガス雲の直接崩壊で"種"ができた？

超大質量ブラックホールの"種"の，もう一つの候補として考えられているのが，宇宙初期のガス雲が直接崩壊したものです。これによって生まれた超大質量星は，核融合をおこす間もなくつぶれてブラックホールになると考えられています。

ガス雲

大質量星

ブラックホール

"中間質量ブラックホール"は存在するか？

ところで，太陽の数〜数十倍の恒星質量ブラックホールと，太陽の100万〜数十億倍の超大質量ブラックホールは観測されていますが，その中間の質量をもつブラックホールはほとんどみつかっておらず，その理由もよくわかっていません。

中間の質量をもつブラックホールの候補として1990年代から注目されたのが，超光度X線源（Ultra-Luminous X-Ray sources：ULX）です。ULXは，X線で恒星質量ブラックホールの約100倍も明るく輝く天体です。連星系ブラックホールは，その質量が大きいほどX線で明るく輝きます。そのためULXは，通常のブラックホールよりも，さらに数百倍の質量をもつと予想されました。右ページの画像は，1999年に中間質量ブラックホールの候補が発見された銀河「M82」です。

ただし，「ULXが中間質量である」という仮定は，ULXの明るさをもとに類推しており，質量そのものをはかったわけではありません。ULXの正体を確かめるには，ブラックホールの質量を，明るさからではなくそのまわりの星の運動から推定することが必要になります。中間質量のブラックホールがみつからないのは，それがすぐに合体して太陽の1万倍ほどに巨大化してしまうためではないかと考えられています。寿命が短い分，観測にかかる確率が下がるというのです。もし中間質量のブラックホールが実在するなら，中間質量ブラックホールどうしが引かれ合い，合体をくりかえして銀河中心のブラックホールになりうることがシミュレーションで予想されています（116ページ）。

M82の中心領域の画像
（チャンドラX線観測衛星による）

M82の中心 ＋

中間質量ブラックホール
候補 M82 X-1

中間質量ブラックホールの「第一候補」がひそむ銀河M82

画像は，M82をさまざまな波長で撮影したデータを合成したものです。M82は「スターバースト銀河（爆発的星形成銀河）」とよばれる銀河の一つです。重い星がその最期におこす超新星爆発によって，銀河円盤中心付近から両極方向にガスが噴きだしており，銀河自体は標準的なレンズ型をしています。1999年，大阪大学の松本浩典教授と京都大学の鶴剛教授らが，M82の中心から500光年ほどはなれた場所にあるX線源が「中間質量ブラックホール」だと報告しました。その後，すばる望遠鏡を使った観測によって，中間質量ブラックホールの周囲には比較的若い星団があることも発見されました。

"種ブラックホール"はどうやって成長する？

"種ブラックホール"が形成されたあとは，どうやって超大質量ブラックホールにまで成長していくのでしょうか？ ブラックホールには，大きく分けて二つの成長過程が考えられています。一つはブラックホールどうしが重力で引き合い，合体する方法（1），もう一つはブラックホールが周囲のガスや恒星などを飲みこむ方法（2）です。

実は，超大質量ブラックホールは，その質量の大部分を，成長の最終段階での「ガスの飲みこみ」で獲得していると考えられるといいます。ガスの飲みこみや合体という方法は，どちらも一見，簡単に実現すると思うかもしれません。何といっても，ブラックホールは強い重力をもっており，光ですら飲みこんでしまう天体です。しかし，そう単純ではないのです。

まず，宇宙に存在する天体はほとんどすべてが回転しており，遠心力がはたらいています。そのため，ガスや天体がコンパクトな領域に集まってくるためには，回転の勢いをそぐしくみが必要です。

また，ブラックホールは，宇宙の中で非常に小さな天体です。仮に二つの銀河が衝突（130ページ）したとしても，銀河の中でブラックホールが出合う確率は非常に低いのです。さらに，ブラックホールどうしが運よく出合い，たがいの重力で近づいたとしても，まずはたがいの周囲をまわる連星となり，安定した状態になると考えられています。この連星が何らかの作用で数千キロメートルの距離（恒星質量ブラックホールの場合）まで近づくと，ようやく合体にいたるといいます。

巨大化していく"種ブラックホール"

イラストでは，ブラックホールが巨大化していくようすをえがいています。成長の過程には，ブラックホールどうしの合体（1）や，ガスなどの飲みこみ（2）が考えられます。ただし，ブラックホールが衝突・合体をくりかえすことができた理由や，銀河の中心に超大質量ブラックホールが一つだけ存在する理由などはわかっていません。

1. ブラックホールどうしの合体

ブラックホール

巨大ブラックホール

ブラックホールに引き寄せら
れたガスが，回転しながらつ
くる円盤状の構造

2. 周囲のガスを飲みこむ

巨大ブラックホール

ブラックホールに
飲みこまれる物質

ブラックホールの合体
がはじめて検出された

日本時間2016年2月12日未明,一つのニュースが世界中を駆けめぐりました。アメリカの重力波観測装置「LIGO」が,二つのブラックホールが衝突・合体する際に生じる「重力波」の直接観測に成功したのです。この画像は合体しようとする二つのブラックホールの想像図です。

「重力波（Gravitational wave）」は,ブラックホールと同様に,アインシュタインの一般相対性理論が予言したさまざまな現象の一つです。一般相対性理論では,「重力とは時空の曲がりである」と説明します（50ページ）。この理論によると,質量をもつ物が運動するなどして,物質とエネルギーの分布が変わると,時空の曲がりが変化するといいます。時空の曲がりの変化は,「波」となって時空を伝わっていくと考えられています。この波が,重力波です。

時空のさざ波「重力波」，直接観測成功！

ブラックホールのような天体が高速で動くと，空間のゆがみが重力波として周囲に広がっていきます。ブラックホール連星は徐々に近づき，最終的に合体します。その瞬間に，さらに強い重力波が発生すると考えられています。

重力波がブラックホールのはじめての直接的な証拠に！

ブラックホール連星

はじめて検出された重力波「GW150914」は，たがいの周囲をまわる二つのブラックホールが，衝突・合体するときに生じたと考えられています。計算すると，二つのブラックホールの質量はそれぞれ太陽の29倍と36倍であり，合体して，太陽の62倍の質量をもつブラックホールになったといいます。**合体によって欠けた太陽三つ分（＝29＋36－62）の質量は，膨大なエネルギーに変換され，重力波として放射されたのです。**重力波の発生源は，大マゼラン銀河の方向，地球から約13億光年はなれた場所だと考えられています。

LIGOによるこの重力波の検出は，重力波の直接検出がはじめてなされたというだけでなく，ブラックホールのはじめての直接的な証拠という意義があります。さらには，ブラックホールが合体するということや，30太陽質量程度という，恒星質量ブラックホールの中でも重いブラックホールがあるということもはじめて示されました。

地球

太陽

LIGOによって実際に検出された空間ののびちぢみ

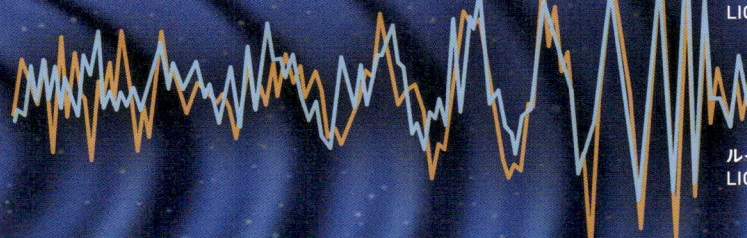

ワシントン州にある
LIGOがとらえた波形

ルイジアナ州にある
LIGOがとらえた波形

上の波形は，LIGO（2か所に敷設）が実際に観測した重力波（空間ののびちぢみの大きさ）です。波形を見ると，だんだん波が大きくなり，極大をむかえたあと，急に波が小さくなっていることがわかります。この極大波形のときに，二つのブラックホールが合体したと考えられています。

新たな分野「重力波天文学」が幕を開けた

重力波による時空のゆがみは,太陽と地球の間の距離が水素原子1個分だけのびちぢみするほどのきわめて小さな変化です。そのため,その観測は困難をきわめました。しかし,アインシュタインの予言から100年後の2016年,アメリカのLIGOが重力波の検出に成功したことにより,「重力波天文学」が幕を開けたのです。

2021年11月時点で,合計91件の重力波イベントが観測されています（右の一覧表）。中でも重要なのが,2019年5月21日に発生し,2020年9月2日に報告された「GW190521」とよばれる重力波現象です※。これは,太陽の約95倍と約69倍の質量をもつ二つのブラックホールが衝突し,約156倍の質量をもつブラックホールができたという現象です。実は,太陽の100倍程度の質量をもつ「中間質量ブラックホール」とよばれるブラックホールは,それまで実際に観測された例がなく,これが史上はじめての観測例だったのです。

2023年5月には,LIGOとヨーロッパの「Virgo」,日本の「KAGRA」が重力波の共同観測をはじめました。重力波天文学は今後ますます重要になるでしょう。

※：LIGO webサイト（https://www.ligo.org/detections/GW190521.php）

初観測から6年,90件以上の重力波現象が観測された

2021年11月までに観測された91件（うち1件は未確定）の重力波の一覧表を右に示しました。その中でも重要視されているのが「GW190521（右の赤い囲み）」です。これらの研究を進めることで,ブラックホールの形成や進化のしくみの理解が深まると期待されています。

ブラックホールは銀河の合体で成長した？

1. 接近する原始銀河たち

現在，決定的な超大質量ブラックホールの形成シナリオはありませんが，LIGOによって，恒星質量ブラックホールが合体する場合があるということは確かめられました。ここでは，恒星質量の種ブラックホールが成長して，超大質量ブラックホールになるというシナリオを考えてみましょう。

4章でみたように，超大質量ブラックホールはほとんどの銀河の中心部にあり，その質量は母銀河のバルジの質量と比例関係にあることがわかっています。これは，銀河とブラックホールがたがいに影響をおよぼしながら成長していることを示唆しています。

宇宙において，銀河どうしの衝突・合体は頻繁におきてきたと考えられています。銀河は衝突・合体をくりかえすことで，何億年や何十億年という歳月をかけて，小さいものから大きなものへと成長していったといいます。**その際に，ブラックホールも合体・成長するのかもしれません。あるいは，ブラックホールに効率よくガスを供給して太らせるしくみが生みだされるのかもしれません。**

ブラックホールの成長過程は，それがどんな環境におかれていたかによって，大きく変わるといいます。高密度なガスの中にブラックホールがあると，その重力によって空気抵抗のような効果がはたらく結果，はなれたブラックホールはたがいに近づき，合体がおきる可能性があります。一方，ガスの密度がさらに高くなれば，ガスの吸いこみによる成長が先におきると考えられます。

今後，銀河や超大質量ブラックホールがくわしく観測されていけば，超大質量ブラックホール形成の謎が徐々に明らかにされていくことでしょう。

2. 衝突・合体する原始銀河たち

3. さらに衝突・合体する原始銀河たち

4. 合体をくりかえしてできた大きな銀河

衝突・合体をくりかえし成長する銀河

小さな原始銀河（銀河の種）どうしが衝突・合体し，最終的に大きな銀河に成長していくようすをえがきました（1〜4）。宇宙で最初にできたのは，比較的少数の恒星からなる"銀河の種"（原始銀河）だったと考えられています。どれくらいの数の恒星からなる集団が，いつ誕生したかはよくわかっていません。ただし天文観測からは，宇宙誕生から約3億年後には，すでに銀河とよべるものが存在していたことがわかっています。

ホーキング博士が予言した
「原始ブラックホール」

19 71年に，ホーキング博士は，宇宙誕生直後の密度の"ゆらぎ"の中から「原始ブラックホール」が生まれた，とする説を発表しました。**これまでみてきた恒星質量ブラックホールや超大質量ブラックホールとはまったくことなる方法でブラックホールが生まれるというのです。**

誕生直後の宇宙は，超高温・超高密度の灼熱の火の玉状態であったと考えられています（ビッグバン）。この時期，宇宙を満たしていた素粒子は，その密度がほとんど一様だったと考えられていますが，そこには"ゆらぎ"が存在していました。そのゆらぎによって，ところどころに密度がきわめて高い部分が生じ，その部分がみずからの重力によって極限までつぶれて，ブラックホールが生まれた可能性があるのです。

こうして宇宙誕生から数時間以内に，最小のものは10万分の1グラム，最大のものは太陽質量の数十億倍のものまで，大小さまざまな原始ブラックホールが生まれたはずだといいます。**恒星が誕生したのは，宇宙誕生から数億年後ですが，そのはるか以前から，宇宙にはたくさんのブラックホールが存在していたかもしれないのです。**

宇宙誕生から 10^{-23} 秒後
原始ブラックホールの質量
10^{15} グラム

誕生時期で大きさがことなる原始ブラックホール

宇宙の最初期に，密度のゆらぎから原始ブラックホールが生まれるようす。密度がきわめて高い部分（イラストで高い山のようになっている部分）は，みずからの重力でつぶれ，原始ブラックホールになると考えられます。宇宙誕生からの時間が経過するとともに，より大きな原始ブラックホールが生まれます。

密度のゆらぎ

宇宙誕生から 1 秒後
原始ブラックホールの質量
10^{38} グラム（太陽質量の10万倍程度）

宇宙誕生から 10^{-5} 秒後
原始ブラックホールの質量
10^{33} グラム（太陽の質量程度）

宇宙誕生からの経過時間

ダークマターの正体は原始ブラックホール？

銀河や銀河団には,「ダークマター」とよばれる大量の物質が存在しています。宇宙全体の26％がこのダークマターで,原子といった通常の物質は5％,残りは「ダークエネルギー」だと考えられているのです。ダークマターは電磁波を出さないため観測することができません。このダークマターの正体は現代物理学の重要な未解決問題です。**この未解決問題が,原始ブラックホールによって説明できるのではないか,という研究も行われています。**

原始ブラックホールは,さまざまな質量のものがありえます。たとえば,比較的大きな質量の原始ブラックホールは,「重力レンズ効果※」の観測で調べることができます。また,小さな原始ブラックホールは,宇宙からやってくるガンマ線の中に,その痕跡がみつかる可能性があります。こうした観測から,どのような質量をもった原始ブラックホールが,どれくらい存在しうるのかが調べられて

いるのです。

これまでの研究から,10^{25}グラム(月の質量程度)以上の原始ブラックホールは,すべてのダークマターの量をまかなえるほどは存在しないだろうということがわかってきました。反対に,10^{15}グラム以下の小さな原始ブラックホールも,現在までに蒸発してしまうと考えられるため,ダークマターとはなりえません。

しかし,原始ブラックホールがダークマターである可能性はまだ残されています。それは,10^{20}グラム前後(月の質量の10万分の1程度)の原始ブラックホールです。

そのようなサイズの原始ブラックホールは,重力レンズでも,ガンマ線でも簡単にはみつけられません。**このみつけにくいサイズの原始ブラックホールがたくさん存在すれば,それがダークマターの正体かもしれないのです。**

※：天体の重力によって,遠方天体の姿がゆがんだり,明るさが変わったりする現象。

私たちの天の川銀河にたくさんの原始ブラックホールがひそむようすの想像図。このように，観測によってみつけにくいサイズの原始ブラックホールが，宇宙にたくさん存在している可能性があります。これがダークマターの正体かもしれないのです。

銀河にひそむ原始ブラックホール

まるでブラックホールのような天体たち

3章でみたように，太陽の約25倍以上の質量をもつ恒星は，最後にブラックホールになると考えられています。その過程の計算には，精密な重力理論である一般相対性理論のアインシュタイン方程式などが使われます。しかし，アインシュタイン方程式の解としては，「一

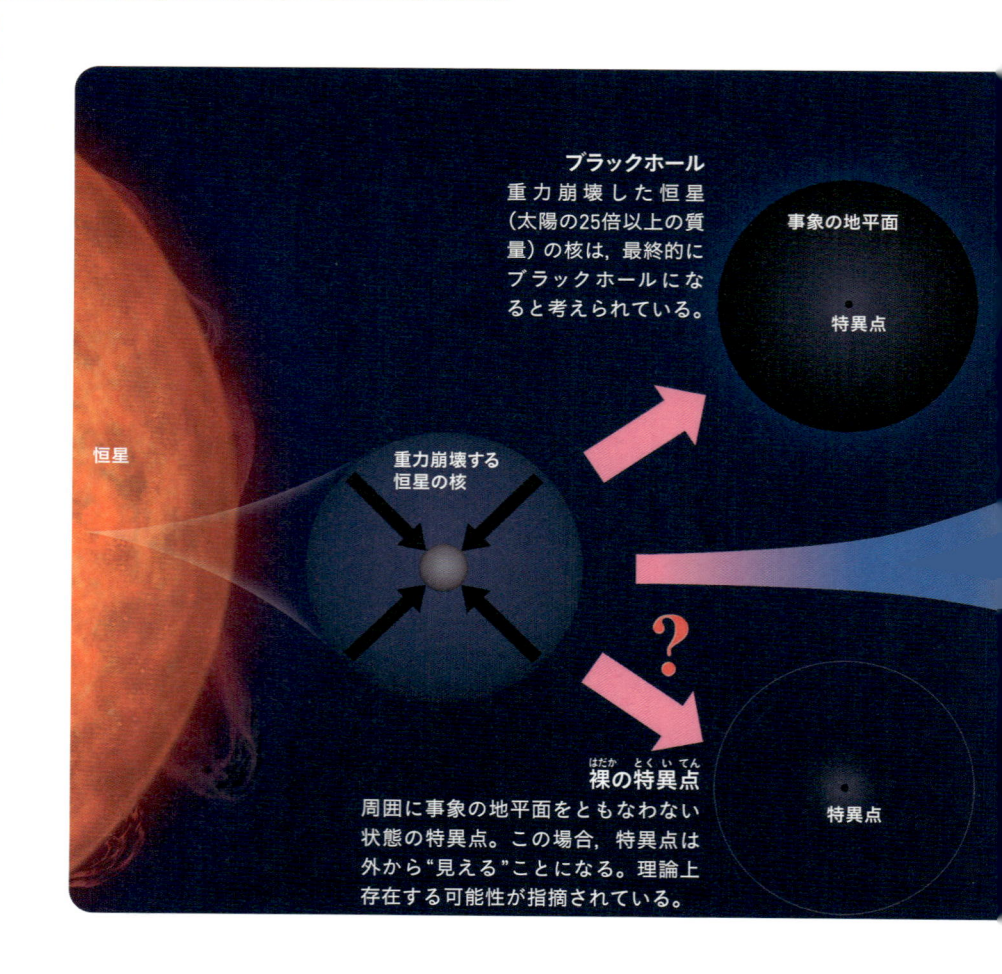

ブラックホール
重力崩壊した恒星（太陽の25倍以上の質量）の核は，最終的にブラックホールになると考えられている。

事象の地平面

特異点

恒星

重力崩壊する恒星の核

?

裸の特異点
周囲に事象の地平面をともなわない状態の特異点。この場合，特異点は外から"見える"ことになる。理論上存在する可能性が指摘されている。

特異点

見ブラックホールのようにみえる別の天体」もありうるといいます。

　たとえば，重力崩壊がゆっくりおきると考えた計算では，微小な世界での重力の特殊な効果によって，物質は1点につぶれず，きわめて暗い星「ブラックスター」として形を保てる可能性が指摘されています。

　また，密度が無限大で事象の地平面をともなわない「裸の特異点」や，超高速で自転する有限密度の物体が特異点とおきかわった「スーパースピナー」も理論的に考えられています。ただし，現在のところ，こうした天体のうち観測で証拠が得られたものはありません。

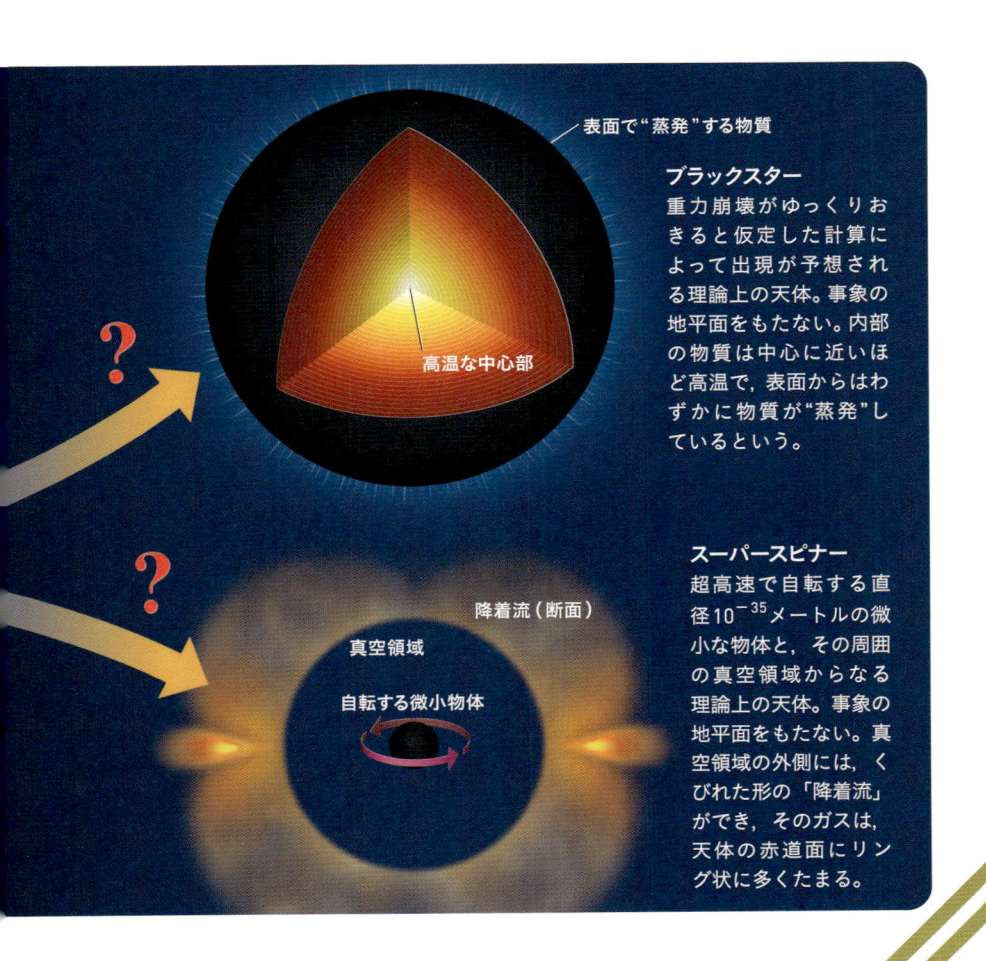

表面で"蒸発"する物質

高温な中心部

ブラックスター
重力崩壊がゆっくりおきると仮定した計算によって出現が予想される理論上の天体。事象の地平面をもたない。内部の物質は中心に近いほど高温で，表面からはわずかに物質が"蒸発"しているという。

降着流（断面）

真空領域

自転する微小物体

スーパースピナー
超高速で自転する直径10^{-35}メートルの微小な物体と，その周囲の真空領域からなる理論上の天体。事象の地平面をもたない。真空領域の外側には，くびれた形の「降着流」ができ，そのガスは，天体の赤道面にリング状に多くたまる。

用語集

NASA

アメリカ航空宇宙局。1958年に設立され，惑星探査計画や国際宇宙ステーションの建設など，人類の宇宙開発を牽引してきた。

X線

光（電磁波）の一つ。電磁波は波長が長いほうから順に，電波・赤外線・可視光・紫外線・X線・ガンマ線に分類される。可視光と電波以外の電磁波は，地球の大気で吸収・反射されて地上にほとんど届かないため，観測するには宇宙空間に望遠鏡を打ち上げる必要がある。

一般相対性理論

アルバート・アインシュタインがつくり上げた重力に関する理論。質量をもつ物体の周囲では時空がゆがみ，光すらも進む方向が曲げられるとされる。この時空のゆがみは，物体の質量が大きいほど大きく，物体に近いほど大きくなる。また，重力が強い場所ほど，時間の進み方が遅くなる。

宇宙背景放射

宇宙誕生から約38万年後の高温・高圧の宇宙から放たれた光が，宇宙の膨張によって引きのばされたもの。宇宙背景放射の観測データから，宇宙の年齢や宇宙に含まれる成分の内訳などが求められる。

事象の地平面

ブラックホールは特異点を中心とした「光すら脱出できなくなる球状の空間」であり，この球の境界面をさす。また，この球の半径は「シュバルツシルト半径」とよばれる。ただし，ブラックホールの境界（球面）に何かあるわけではない。

重力

あらゆる物体（素粒子や人間や天体など）の間にはたらく万有引力のこと。物体の質量が大きいほど，物体間の距離が小さいほど，重力も大きくなる。

重力レンズ

遠方の天体からの光が手前の天体の重力によって曲がり，遠方天体の姿がゆがんだり，明るさが変わったりする現象のこと。ブラックホールの強大な重力は近くを通る光を曲げる。そのため，重力レンズ効果によって，ブラックホールの向こう側にある天体からの光がまわりこんで集められ，天体は大きくゆがんで見える。

赤方偏移

天体から出た光の波長がのびる（＝赤いほうにずれる）現象で，天体が地球から遠ざかる運動をしていたり，宇宙膨張によって光が引きのばされたりすることでもおこる。逆に天体が地球に近づく運動をするなどして，光の波長がちぢむ（＝青いほうにずれる）現象を「青方偏移」とよぶ。

素粒子

物質を構成する最小単位で，陽子や中性子を構成するアップクォークやダウンクォーク，電子など17種類が確認されている。また，光子は電磁気力を伝える素粒子である。重力を伝える「重力子」という素粒子の存在も予想されているが未発見である。

ダークマター

この宇宙に存在するとされる正体不明の物質。電波やX線などのあらゆる電磁波を放ったり吸収したりしないため，観測することができない。また，電気をおびていないため，普通の物質（原子で構成された物質）とはぶつからずにすり抜けていく。銀河には大量のダークマターが存在しており，銀河と銀河の衝突を引きおこしているとも考えられている。なお，ダークエネルギーも正体不明の存在で，宇宙空間に一様に分布しており，宇宙を膨張させようとする「負の圧力」をもっているとされる。

中性子星

原子核を構成する粒子の一つである，中性子だけからなる星。1967年にはじめて発見された。中性子は名前の通り電気的に中性であり，陽子とほぼ同じ質量をもつ。アメリカの天文学者フリッツ・ツビッキー（1898 ～ 1974）やロシアの物理学者レフ・ランダウ（1908 ～ 1968）によって提案された。太陽質量の8 ～ 25倍の恒星は，核融合が終わると重力崩壊し，中性子星を残して爆発する。

超新星爆発

太陽質量の8倍以上の恒星が一生の最期におこす大爆発のこと。恒星は核融合反応によって輝いているが，核融合の燃料がつきると中心部に鉄のコアができ，みずからの重力に耐えきれなくなると収縮し爆発する。太陽質量の40倍以上の恒星がおこす爆発は「極超新星爆発」とよばれる。

潮汐力

重力源に対して近いほうと遠いほうで，物体にかかる重力に差が出ることによって生じる力。太陽や月の重力によって潮の満ち引きがおきるのも同じ原理による。

超ひも理論

素粒子を従来の物理学のような大きさゼロの「点」ではなく，長さ 10^{-35} メートル程度（理論モデルによって値はことなる）のひもだと考える理論。この理論では，すべての素粒子は極小の同じひもでできていると考える。そして，極小のひもがさまざまに振動することで，その振動のちがいが素粒子のちがい（質量や電荷などのちがい）としてみえると考える。

対生成・対消滅

粒子に対して，質量などほかの性質が同じで，電荷が反対になったものが反粒子である。エネルギーからペアで粒子と反粒子が生成されるのが「対生成」，逆にペアで完全に消滅するのが「対消滅」である。たとえば陽子の反粒子は反陽子，電子の反粒子は陽電子である。電気をおびた粒子を加速させたり，衝突させたりできる実験装置「加速器」を用いて，反粒子を人工的につくることも可能である。

特異点

ブラックホールの中心にある，全質量が集中している1点のこと。特異点の体積はゼロであり，特異点の密度（質量÷体積）は無限大になるため，一般相対性理論が適用できなくなる。

白色矮星

密集した電子に支えられている星。おおいぬ座のシリウスの伴星，こいぬ座のプロキオンの伴星のほか数百個が知られている。太陽質量の 0.08 〜 8 倍の恒星は，数億〜数百億年かけて核融合により少しずつ内部の元素を燃やしつづけていき，最終的に白色矮星となる。

ブラックホール

強力な重力のために，いかなるものもそこから脱出できない天体のこと。太陽質量の約25倍以上の重い恒星が超新星爆発をおこした際に，中心に残されたものを「恒星質量ブラックホール」とよぶ。一方，銀河の中心に存在する太陽の100万から数十億倍程度のけたちがいに巨大なブラックホールを「超大質量ブラックホール」とよぶ。

ホワイトホール

ブラックホールとは逆に，特異点に集中している質量を物質や光などとしてどんどん吐きだす天体のこと。ブラックホールと同様にホワイトホールにも境界面があり，その境界面の内側から外側には移動できるが，外側から内側に向けては光でさえ進入できない。

量子論

ミクロな世界のふるまいを解き明かす理論。量子論では，光子や電子は波と粒子の両方の性質をもつと考える（波と粒子の二面性）。また，粒子は複数の場所に同時に存在しており，観測することによって状態が確定すると考える（状態の共存）。

連星

2個以上の恒星がたがいに重力によって結ばれ，共通重心（複数個の星の質量中心）のまわりを軌道運動している天体のこと。普通，明るいほうを「主星」，暗いほうを「伴星」とよぶ。宇宙では，太陽のような単独で存在する恒星（単独星）は少数派で，恒星の半分以上は連星系をつくっていると考えられている。

ワームホール

ある空間と別の空間をつなぐ抜け道のような構造のこと。ワームホールをくぐり抜けると，一瞬にして別の空間に移動するとされる。ただし，非常に不安定な存在だと考えられており，理論上は通り抜けが可能だとしても，実際に物質や光が通り抜けようとすると，それによって生じたエネルギーの「ゆらぎ」が増幅し，ワームホールがつぶれてしまうと考えられている。

おわりに

これで『ブラックホール』はおわりです。いかがでしたか？

　ブラックホールは，おどろきの事実や謎がこれでもかというほどに詰まった，魅力的な存在だったのではないでしょうか。私たちの住む天の川銀河の中心には，実に太陽の400万倍もの質量のブラックホールがあるなんて，まだ信じられない人もいるかもしれません。

　当初は理論上の存在でしかないと思われていたブラックホールですが，観測技術の発展にともない，20世紀後半からその存在の可能性を示す研究結果が提示されるようになりました。そして2022年，人類は天の川銀河の中心に存在する超大質量ブラックホールの姿を直接とらえることに成功しました。まだまだ宇宙には多くの謎が残されていますが，人類はその答えに一歩ずつ確実に近づいているのです。

　これから10年，20年と技術はますます進歩し，ブラックホールに関して新たな事実が判明していくはずです。ある謎には答えがもたらされ，そして新しい謎が生まれているかもしれません。ぜひ，今後のブラックホールの観測や研究に注目していってください。

超絵解本

絵と図でよくわかる
宇宙の終わり
星も銀河も永遠ではない

A5 判・144 ページ　1480 円（税込）　好評発売中

命あるものは，いつか必ずその生涯を終えます。同じように，地球や太陽も，やがて寿命をむかえます。

無数の星々で構成される銀河，さらにはブラックホールも永遠ではありません。そして遠い将来，宇宙も終わりをむかえると考えられています。

宇宙の終焉については，さまざまなシナリオが考えられています。「ほとんど空っぽになって終わる」「1点に収縮してつぶれて終わる」など，私たちの想像をこえるものばかりです。宇宙の突然死も，確率は非常に低いけれど，否定できないといいます。一方で，「宇宙は生まれ変わっている」という説もあります。

この本は，最新の科学をもとに予想される「宇宙の終わり」を，気が遠くなるほど壮大な時系列で紹介していきます。はるか未来の宇宙の最期にせまっていきましょう！

ニュートン編集部 編著

超絵解本

絵と図でよくわかる

宇宙の終わり

星も銀河も永遠ではない

無から生まれ無にかえるか
最新科学が解き明かす
宇宙の壮絶な最期

100億年後,太陽は死ぬ?
10兆年後,星が燃えつきる?

宇宙の最期は空っぽになる?
1点に収縮してつぶれる?

宇宙は生まれ変わりを
くりかえしているかも!?

Staff

Editorial Management	中村真哉	Design Format	村岡志津加（Studio Zucca）
Cover Design	秋廣翔子	Editorial Staff	上月隆志, 谷合 稔

Photograph

表紙カバー	vchalup/stock.adobe.com
2	vchalup/stock.adobe.com
46-47	XMM-Newton, ESA, NASA
67	DSS, 【はくちょう座 X-1】NASA/CXC
77	EHT Collaboration
85	X-ray: NASA/CXC/Caltech/P.Ogle et al; Optical: NASA/STScI; IR: NASA/JPL-Caltech; Radio:NSF/NRAO/VLA
86	K. Cordes & S. Brown (STScI)
95	ESO/S. Gillessen et al.
99	NASA/CXC/Amherst College/D.Haggard et al.
101	苫小牧工業高等専門学校 高橋労太
103	苫小牧工業高等専門学校 高橋労太
105	【サブミリ波望遠鏡】University of Arizona, David Harvey, photographer, 【ジェームズ・クラーク・マクスウェル望遠鏡】William Montgomerie, EAO/JCMT, 【サブミリ波干渉計】Shelbi R. Schimpf, 【大型ミリ波望遠鏡】©Large Millimeter Telescope, 【アルマ望遠鏡】X-CAM /ALMA (ESO/

	NAOJ/NRAO), 【南極点望遠鏡】Dr. DanielMichalik, 【APEX】ESO, 【IRAM30m 望遠鏡】© IRAM, 【アルマ望遠鏡】ESO/C.Malin
107	【ブラックホールの画像】EHT Collaboration
109	EHT Collaboration
110-111	NASA's Goddard Space Flight Center/Jeremy Schnittman
112-113	The SXS (Simulating eXtreme Spacetimes) Project
113 〜 115	NOIRLab/NSF/AURA/J. da Silva (Spaceengine)
120-121	Inset: X-ray: NASA/CXC/Tsinghua Univ./H.Feng et al.;Full-field: X-ray: NASA/CXC/JHU/D.Strickland; Optical:NASA/ESA/STScI/AURA/The Hubble Heritage Team; IR:NASA/JPL-Caltech/Univ. of AZ/C. Engelbracht
124-125	The SXS (Simulating eXtreme Spacetimes) Project
128-129	Newton Press（画像素材：【一覧表】Carl Knox (OzGrav, Swinburne University of Technology, 【ブラックホールの衝突】Mark Myers, ARC Centre of Excellence for Gravitational Wave Discovery (OzGrav))

Illustration

表紙カバー	吉原成行	34-35	小林 稔	92-93	Newton Press
8-9	吉原成行	37	Newton Press	94	岡本三紀夫
9 〜 11	Newton Press	39 〜 45	Newton Press	96-97	Newton Press
12-13	荻野瑶海	48 〜 65	Newton Press	101	Newton Press
14-15	Newton Press	68 〜 71	Newton Press	103	Newton Press
17 〜 19	Newton Press	73	Newton Press	106-107	岡田香澄
20-21	浅野 仁	75	Newton Press	117	Newton Press
22-23	吉原成行	76 〜 79	小林 稔	119	Newton Press
25	矢田 明	81	小林 稔	122-123	Newton Press
26-27	Newton Press	82-83	吉原成行	126-127	加藤愛一
28-29	小林 稔	86-87	矢田 明	130 〜 133	Newton Press
29	Newton Press	88-89	Newton Press	135 〜 137	Newton Press
31	Newton Press	90-91	Newton Press（天の川：ESO/S.Brunier)	141	Newton Press
33	Newton Press				

本書は主に，ニュートン別冊『ブラックホールとホワイトホール、ワームホール』の一部記事を抜粋し，大幅に加筆・再編集したものです。

監修者略歴：

福江 純／ふくえ・じゅん
大阪教育大学名誉教授。理学博士。1956 年，山口県生まれ。京都大学理学部宇宙物理学専攻卒業。専門は理論宇宙物理学。主な研究テーマは，宇宙ジェット現象の解明，相対論的輻射流体力学の基礎問題など。『SF アニメを科楽する』『完全独習　現代の宇宙物理学』など著書多数。

超絵解本

時間が止まったり、空間が曲がったり
宇宙にひそむ強重力のモンスター

光すら飲みこむ謎多き天体 ブラックホール

2025年3月15日発行

発行人	松田洋太郎
編集人	中村真哉
発行所	株式会社 ニュートンプレス
	〒112-0012東京都文京区大塚3-11-6
	https://www.newtonpress.co.jp
	電話 03-5940-2451